国家"十三五"重点图书出版规划项目

新型建筑工业化丛书

吴 刚 王景全 主 编

装配式建筑结构体系与案例

著 江 韩 陈丽华 吕佐超 娄 宇

东南大学出版社
SOUTHEAST UNIVERSITY PRESS

·南京·

内 容 提 要

本书理论与工程实例相结合，系统梳理了目前应用较广的装配式建筑的结构体系，选取了具有代表性的八个典型工程实例，详细介绍了从建筑方案阶段开始，如何通过设计、施工和管理等各专业之间的协调配合，实现装配式建筑"少规格、多组合"的设计理念。本书研究了装配式混凝土框架结构、混凝土剪力墙结构、钢框架结构、钢框架-支撑结构、钢束筒结构等装配式建筑的结构体系特点、适用范围、设计要点，结合典型工程实例重点阐述了不同结构体系的构件拆分、节点设计、围护及部品部件设计、施工现场情况，并针对每一个工程的特点进行了总结与思考。

本书可供从事工业、民用建筑及相关领域的设计、构件制作、施工等专业人员参考，也可作为高等院校大学生、研究生的教学参考书。

图书在版编目（CIP）数据

装配式建筑结构体系与案例/江韩等著. —南京：
东南大学出版社，2018.5 （2019.1重印）
（新型建筑工业化丛书/吴刚，王景全主编）
ISBN 978 - 7 - 5641 - 7058 - 5

Ⅰ. ①装… Ⅱ. ①江… Ⅲ. ①装配式-建筑
结构-体系-案例 Ⅳ. ①TU3

中国版本图书馆 CIP 数据核字（2017）第 047424 号

装配式建筑结构体系与案例

著　　者	江　韩　陈丽华　吕佐超　娄　宇
出版发行	东南大学出版社
社　　址	南京市四牌楼 2 号　邮编：210096
出 版 人	江建中
责任编辑	丁　丁
编辑邮箱	d. d. 00@163. com
网　　址	http://www. seupress. com
电子邮箱	press@seupress. com
经　　销	全国各地新华书店
印　　刷	江阴金马印刷有限公司
版　　次	2018 年 5 月第 1 版
印　　次	2020 年 1 月第 3 次印刷
开　　本	787 mm×1092 mm　1/16
印　　张	黑白　11　彩色　1
字　　数	263 千
书　　号	ISBN　978-7-5641-7058-5
定　　价	68.00 元

本社图书若有印装质量问题，请直接与营销部联系。电话（传真）：025-83791830

序

改革开放近四十年以来,随着我国城市化进程的发展和新型城镇化的推进,我国建筑业在技术进步和建设规模方面取得了举世瞩目的成就,已成为我国国民经济的支柱产业之一,总产值占 GDP 的 20% 以上。然而,传统建筑业模式存在资源与能源消耗大、环境污染严重、产业技术落后、人力密集等诸多问题,无法适应绿色、低碳的可持续发展需求。与之相比,建筑工业化是采用标准化设计、工厂化生产、装配化施工、一体化装修和信息化管理为主要特征的生产方式,并在设计、生产、施工、管理等环节形成完整有机的产业链,实现房屋建造全过程的工业化、集约化和社会化,从而提高建筑工程质量和效益,实现节能减排与资源节约,是目前实现建筑业转型升级的重要途径。

"十二五"以来,建筑工业化得到了党中央、国务院的高度重视。2011 年国务院颁发《建筑业发展"十二五"规划》,明确提出"积极推进建筑工业化";2014 年 3 月,中共中央、国务院印发《国家新型城镇化规划(2014—2020 年)》,明确提出"绿色建筑比例大幅提高""强力推进建筑工业化"的要求;2015 年 11 月,中国工程建设项目管理发展大会上提出的《建筑产业现代化发展纲要》中提出,"到 2020 年,装配式建筑占新建建筑的比例 20% 以上,到 2025 年,装配式建筑占新建建筑的比例 50% 以上";2016 年 8 月,国务院印发《"十三五"国家科技创新规划》,明确提出了加强绿色建筑及装配式建筑等规划设计的研究;2016 年 9 月召开的国务院常务会议决定大力发展装配式建筑,推动产业结构调整升级。"十三五"期间,我国正处在生态文明建设、新型城镇化和"一带一路"倡仪实施的关键时期,大力发展建筑工业化,对于转变城镇建设模式,推进建筑领域节能减排,提升城镇人居环境品质,加快建筑业产业升级,具有十分重要的意义和作用。

在此背景下,国内以东南大学为代表的一批高校、科研机构和业内骨干企业积极响应,成立了一系列组织机构,以推动我国建筑工业化的发展,如:依托东南大学组建的新型建筑工业化协同创新中心、依托中国电子工程设计院组建的中国建筑学会工业化建筑学术委员会、依托中国建筑科学研究院组建的建筑工业化产业技术创新战略联盟等。与此同时,"十二五"国家科技支撑计划、"十三五"国家重点研发计划、国家自然科学基金等,对建筑工业化基础理论、关键技术、示范应用等相关研究都给予了有力资助。在各方面的支持下,我国建筑工业化的研究聚焦于绿色建筑设计理念、新型建材、结构体系、施工与信息化管理等方面,取得了系列创新成果,并在国家重点工程建设中发挥了重要作用。将这些成果进行总结,并出版《新型建筑工业化丛书》,将有力推动建筑工业化基础理论与技术的发展,促进建筑工业化的推广应用,同时为更深层次的建筑工业化技术标准体系的研究奠定坚实的基础。

　　《新型建筑工业化丛书》应该是国内第一套系统阐述我国建筑工业化的历史、现状、理论、技术、应用、维护等内容的系列专著，涉及的内容非常广泛。该套丛书的出版，将有助于我国建筑工业化科技创新能力的加速提升，进而推动建筑工业化新技术、新材料、新产品的应用，实现绿色建筑及建筑工业化的理念、技术和产业升级。

　　是以为序。

清华大学教授
中国工程院院士　聂建国

2017 年 5 月 22 日于清华园

丛书前言

建筑工业化源于欧洲,为解决战后重建劳动力匮乏的问题,通过推行建筑设计和构配件生产标准化、现场施工装配化的新型建造生产方式来提高劳动生产率,保障了战后住房的供应。从 20 世纪 50 年代起,我国就开始推广标准化、工业化、机械化的预制构件和装配式建筑。70 年代末从东欧引入装配式大板住宅体系后全国发展了数万家预制构件厂,大量预制构件被标准化、图集化。但是受到当时设计水平、产品工艺与施工条件等的限定,导致装配式建筑遭遇到较严重的抗震安全问题,而低成本劳动力的耦合作用使得装配式建筑应用减少,80 年代后期开始进入停滞期。近几年来,我国建筑业发展全面进行结构调整和转型升级,在国家和地方政府大力提倡节能减排政策引领下,建筑业开始向绿色、工业化、信息化等方向发展,以发展装配式建筑为重点的建筑工业化又得到重视和兴起。

新一轮的建筑工业化与传统的建筑工业化相比又有了更多的内涵,在建筑结构设计、生产方式、施工技术和管理等方面有了巨大的进步,尤其是运用信息技术和可持续发展理念来实现建筑全生命周期的工业化,可称谓新型建筑工业化。新型建筑工业化的基本特征主要有设计标准化、生产工厂化、施工装配化、装修一体化、管理信息化五个方面。新型建筑工业化最大限度节约建筑建造和使用过程的资源、能源,提高建筑工程质量和效益,并实现建筑与环境的和谐发展。在可持续发展和发展绿色建筑的背景下,新型建筑工业化已经成为我国建筑业的发展方向的必然选择。

自党的十八大提出要发展"新型工业化、信息化、城镇化、农业现代化"以来,国家多次密集出台推进建筑工业化的政策要求。特别是 2016 年 2 月 6 日,中共中央国务院印发《关于进一步加强城市规划建设管理工作的若干意见》,强调要"发展新型建造方式,大力推广装配式建筑,加大政策支持力度,力争用 10 年左右时间,使装配式建筑占新建建筑的比例达到 30%";2016 年 3 月 17 日正式发布的《国家"十三五"规划纲要》,也将"提高建筑技术水平、安全标准和工程质量,推广装配式建筑和钢结构建筑"列为发展方向。在中央明确要发展装配式建筑、推动新型建筑工业化的号召下,新型建筑工业化受到社会各界的高度关注,全国 20 多个省市陆续出台了支持政策,推进示范基地和试点工程建设。科技部设立了"绿色建筑与建筑工业化"重点专项,全国范围内也由高校、科研院所、设计院、房地产开发和部构件生产企业等合作成立了建筑工业化相关的创新战略联盟、学术委员会,召开各类学术研讨会、培训会等。住建部等部门发布了《装配式混凝土建筑技术标准》《装配式钢结构建筑技术标准》《装配式木结构建筑技术标准》等一批规范标准,积极推动了我国建筑工业化的进一步发展。

东南大学是国内最早从事新型建筑工业化科学研究的高校之一,研究工作大致经历了三个阶段,第一个阶段是海外引进、消化吸收再创新阶段:早在20世纪末,吕志涛院士敏锐地捕捉到建筑工业化是建筑产业发展的必然趋势,与冯健教授、郭正兴教授、孟少平教授等共同努力,与南京大地集团等合作,引入法国的世构体系;与台湾润泰集团等合作,引入润泰预制结构体系;历经十余年的持续研究和创新应用,完成了我国首部技术规程和行业标准,成果支撑了全国多座标志性工程的建设,应用面积超过500万平方米。第二个阶段是构建平台、协同创新:2012年11月,东南大学联合同济大学、清华大学、浙江大学、湖南大学等高校以及中建总公司、中国建筑科学研究院等行业领军企业组建了国内首个新型建筑工业化协同创新中心,2014年入选江苏省协同创新中心,2015年获批江苏省建筑产业现代化示范基地,2016年获批江苏省工业化建筑与桥梁工程实验室。在这些平台上,东南大学一大批教授与行业同仁共同努力,取得了一系列创新性的成果,支撑了我国新型建筑工业化的快速发展。第三个阶段是自2017年开始,以东南大学与南京市江宁区政府共同建设的新型建筑工业化创新示范特区载体(第一期面积5 000平方米)的全面建成为标志和支撑,将快速推动东南大学校内多个学科深度交叉,加快与其他单位高效合作和联合攻关,助力科技成果的良好示范和规模化推广,为我国新型建筑工业化发展做出更大的贡献。

然而,我国大规模推进新型建筑工业化,技术和人才储备都严重不足,管理和工程经验也相对匮乏,亟须一套专著来系统介绍最新技术,推进新型建筑工业化的普及和推广。东南大学出版社出版的《新型建筑工业化丛书》正是顺应这一迫切需求而出版,是国内第一套专门针对新型建筑工业化的丛书,丛书由十多本专著组成,涉及建筑工业化相关的政策、设计、施工、运维等各个方面。丛书编著者主要是来自东南大学的教授,以及国内部分高校科研单位一线的专家和技术骨干,就新型建筑工业化的具体领域提出新思路、新理论和新方法来尝试解决我国建筑工业化发展中的实际问题,著者资历和学术背景的多样性直接体现为丛书具有较高的应用价值和学术水准。由于时间仓促,编著者学识水平有限,丛书疏漏和错误之处在所难免,欢迎广大读者提出宝贵意见。

丛书主编 吴 刚 王景全

前　　言

　　我国建材工业和建筑产业是国民经济的基础产业和支柱产业。随着科技的进步与产业的发展,世界发达国家都把建筑部件工厂化预制和装配化施工作为建筑产业现代化的重要标志。建筑工业化已成为世界性的大潮流和大趋势,同时也是我国改革和发展的迫切要求。2016 年 2 月 6 日中共中央国务院发布的《关于进一步加强城市规划建设管理工作的若干意见》中指出:力争用 10 年左右时间,使装配式建筑占新建建筑的比例达到 30%。

　　装配式建筑的建造过程是一个系统集成过程,即以工业化建造方式为基础,实现建筑结构系统、外围护系统、内装系统、设备管线系统一体化以及策划、设计、生产和施工等一体化的过程。装配式建筑从方案阶段开始即应遵守标准化、模数化的设计,即"少规格、多组合"的设计理念,设计中可采用 BIM 信息化技术实现建筑、结构、机电设备、室内装修的一体化设计,通过各专业之间的协调配合,实现室内装修设计、建筑结构、机电设备及管线、生产和施工的有机结合。

　　本书结合目前国内外装配式建筑的发展现状及我国装配式结构的相关技术标准和规范,详细介绍了装配式混凝土框架结构、装配式混凝土剪力墙结构以及装配式钢框架结构、装配式钢框架-支撑结构、装配式钢束筒结构等结构体系的类型、适用范围及设计要点。选取了几个典型案例,如建设期间国内混凝土结构装配率最高(装配率高达 81.31%)的南京上坊某保障性住房项目、由现浇混凝土结构改为装配式混凝土框架结构的南通市某停车综合楼项目、采用预制夹心保温外墙板的南京丁家庄某保障性住房项目和采用预制外墙板的杭州万科城等项目采用了装配式混凝土结构,安徽省首个装配式钢结构保障房——安徽蚌埠某公租房项目、规划伊始即定位为装配式钢结构住宅的亳州市涡阳县某住宅项目、规划中的世界第一高楼——某超高层公共建筑项目、方案阶段选用装配式钢束筒结构的襄阳市某超高层酒店等项目采用了装配式钢结构,详细介绍了装配式建筑在方案阶段,建筑的平面布置及户型、立面造型、柱网布置、分缝等应与结构设计师协同设计,使结构高度、复杂程度、不规则程度均控制在合理范围内;在初步设计阶段,通过对结构体系、结构布置、建筑材料、设计参数、基础形式等内容的多方案进行技术经济性比较和论证,选出最优方案;在施工图阶段,通过标准化的配筋原则、精确的计算把控、细致的模型调整、精细化的施工图内审,实现装配式结构的施工图优化。总体来讲,装配式建筑设计需要通过多方案比较、多专业协作、多层次沟通、精细化设计和标准化管理,实现建筑功能、结构安全、土建成本的统一,达到建筑的综合效益最大化。

　　本书系统介绍了不同结构体系装配式建筑的设计流程、构件拆分原则、关键节点设计及构造、BIM 技术与信息化应用、工程设计人员的心得体会等内容,由工作在装配式建筑设计一线的工程技术人员编写而成。全书的章节安排和内容编写由娄宇大师指导完成,共 7 章。第 1 章由娄宇编写,第 2 章至第 4 章由江韩编写,第 5 章和第 6 章由陈丽华编写,第 7 章由吕佐超、娄宇编写,同时感谢李宁副总工程师、陈乐琦工程师、赵学斐博士、吴晓枫硕士研究生、温凌燕教授级高级工程师、刘博文工程师、郝勇博士研究生等对本书的大力支持。本书在撰写过程时注重内容精炼、重点突出、图文并茂,具有理论结合实践、应用性强的特点,希望本书的出版能为我国急需的装配式建筑人才培养提供帮助。

鉴于笔者水平和经验有限,虽诚惶诚恐对待每一章每一节的撰写,书中难免有疏漏和不足之处,真诚欢迎同行专家和广大读者批评指正。

笔 者

2017 年 12 月

目　　录

第**1**章

绪 论

建筑业是我国的支柱产业,随着我国国民经济的发展,建筑业体制改革的不断深化和建筑规模的持续扩大,建筑行业迎来了急速发展的时期,为国家创造了大量的产值。但客观来看,我国的建筑业仍是一个劳动密集型产业。在我国房屋建造生产的整个过程中,高耗能、高污染、低效率、粗放的传统建造模式依然普遍,与国外发达国家相比存在生产效率不高、建造周期长、技术水平较低、品质得不到保证、产业化程度尤其是工业化程度低等问题。因此在当今新型城镇化、信息化、工业化同步发展的环境背景下,发展建筑工业化、推广装配式建筑、进行建筑产业的结构和技术升级符合当前我国社会经济发展的客观要求,可有效促进建筑业从高耗能建筑向绿色建筑的转变,加速建筑业现代化发展的步伐,保证建筑业的可持续发展。

1.1 装配式建筑的发展概况

装配式建筑是指将以标准化设计、工厂化预制生产的建筑部分或全部构件,在施工现场通过可靠的连接方式加以装配而建成的建筑,主要包括装配式混凝土结构、钢结构和木结构。装配式建筑是建造方式的一种革新,其通过工业化制造的加入,对建筑设计、构件生产以及信息化管理等产业链进行整合,能够有效弥补传统建造方式存在的环境污染,以及安全、质量、管理等方面的缺陷,是实现建筑工业化、促进建筑行业转型升级的重要途径。

装配式建筑历史悠久,最早的装配式建筑可以追溯到 17 世纪时的木构架拼装房屋,20 世纪以后,由于工业革命导致大量人口涌入城市以及战争和灾难引发的需求,装配式建筑得以大规模研究、尝试、应用和发展,目前欧、美、日本等发达地区和国家对装配式建筑均已形成较为成熟的技术体系和标准体系。我国也早在 20 世纪 50 年代就开始发展装配式建筑,经过了几十年的曲折发展历程,21 世纪以来随着可持续发展理念的深化和建筑行业节能减排的需要,国家开始推行低碳经济,装配式建筑在我国也逐渐成为研究和实践的热点。

1.1.1 国外装配式建筑的发展概况

第二次世界大战后,欧洲国家为解决住房供给严重不足以及劳动力紧缺的问题,通过推行工业化的生产方式来建造大量住房,以加快建设速度,提高劳动生产率,为战后住房的快速重建提供保障,此时的工业化主要指的就是预制装配式。在装配式建筑发展的过程中,鉴于各个国家的历史背景、经济政策、建造技术水平以及发展目标的不同,各国在装配式建筑方面发展的侧重点和取得的成果也各有特点。

为解决战后的房荒问题,瑞典早在 20 世纪 50 年代就开始大力发展高性能的预制装配化住宅,研发大型的混凝土预制墙板,并对建筑设计的模数协调进行研究,编制了《住宅标准法》,建筑部品的规格化也逐步纳入瑞典工业标准(SIS),以推动装配式建筑产品建筑工业化通用体系和专用体系的发展。经过几十年的发展,瑞典的住宅产业化技术已处于世界领先地位,成为当今世界上工业化住宅最发达的国家,SIS 工业标准也是世界上最完善的工业化住宅设计标准规则,基本形成了工业化住宅各部分部件的规格、尺寸通用体系,建筑材料、功能性材料和构配件的标准化、系列化,为提高部件的互换性创造了条件,瑞典的工业化住宅率全球最高。目前瑞典的住宅工业化正在向可持续、生态节能方向发展,建造与环境相和谐的高性能住宅。

德国的装配式建筑起源于 20 世纪 20 年代,1926—1930 年间在柏林用预制混凝土板式建筑建造了一百多套住宅。二战后为解决资源短缺、人力匮乏、住房需求量大等问题,德国政府开展了大规模的建设工作,预制混凝土大板技术体系成为最重要的建造方式,此体系也是德国规模最大、最具影响力的装配式建筑体系;20 世纪 90 年代后,鉴于混凝土大板体系建筑缺少个性,难于满足现代社会的审美要求,加上德国强大的机械设备设计加工能力的推助,德国开始通过建筑策划、设计、施工、管理等各个环节的优化整合,追求建筑的个性化设计,寻求项目美观性、经济性、功能性、环保性的综合平衡,现浇和预制构件混合的预制混凝土叠合板体系开始在德国得到广泛应用和发展。经过几十年的积累,目前德国装配式建筑已形成完善的产业链,装配式建筑的标准规范体系亦完整全面,更加强调建筑的独特性和耐久性,提高建筑的环保和绿色可持续发展性能。

美国受二战的影响较小,其发展装配式建筑的动力来源于工业的快速发展和城市化进程的加快,同时美国又是典型的市场经济国家,市场机制在建筑行业中起着主导作用,政府主要起引导和辅助的作用,利用法律手段和经济杠杆来推进装配式建筑的发展。1976 年美国国会通过了《国家工业化住宅建造及安全法案》,并制定了 HUD 国家标准以适应房地产市场发展的需要。人多地少的资源状况和私人土地为主的产权模式导致美国的私有住宅大多是建于郊区的低层建筑,为了满足私有住宅的个性化和多样化要求,美国装配式住宅的关键技术是模块化技术,住宅部品和主体构件生产的社会化程度很高,基本实现了标准化和系列化,并编制了产品目录。针对用户的不同要求,只需在结构上更换工业化产品中的一个或几个模块,就可以组成各有特色的工业化住宅,实现标准化和多样化的有机结合。随着对建筑可持续发展的日益重视,美国正积极进行技术体系和技术创新的研发,鼓励新材料、新产品、新工艺以及新设备的使用,以提高住宅质量,改善住宅使用功能和居住环境,促进美国住宅工业化的绿色发展。

二战后日本存在的现实问题以及经济发展带来的城市扩张,为日本装配式建筑提供了有利的发展环境。日本政府制定了一系列实施住宅工业化的技术方针、政策和有利于促进住宅工业化生产的相关制度，积极调整产业结构，支持企业研发住宅新产品、新设备以及与之相配套的技术新体系，大力推动住宅标准化工作，建立统一的模数标准，逐步实现了住宅产品的标准化和部件化，并建立了优良住宅部品认定制度和住宅性能认定制度，实行住宅技术方案竞赛制度等，极大地促进了日本住宅产业化的进步和发展，目前日本住宅产业链非常成熟，相关标准规范也完备齐全，形成了一套住宅主体工业化和内装工业化相协调发展的完善体系，日本也成为住宅工业化技术发达、住宅装配化普及率较高的国家。从 20 世纪 90 年代起，日本开始探索通过改变现有的居住生活模式来实现绿色建造保护环境，将建筑产品和集成技术的研究方向转向生态能源的开发和回收利用，并针对日本日益老龄化的社会问题研究住宅在全寿命周期内不同阶段的户型更新能力，延长住宅的使用寿命，减少住宅更新造成的资源能源浪费，确保住宅的绿色环保和可持续发展。

1.1.2　国内装配式建筑的发展概况

我国的装配式建筑始于 20 世纪 50 年代中期，借鉴学习苏联等国家的经验，对工业化建造方法进行了初步的探索。1956 年，国务院发布了《关于加强和发展建筑工业的决定》，首次提出了"三化"（设计标准化、构件生产工厂化、施工机械化），明确了建筑工业化的发展方向，迄今已有 60 多年历史。鉴于我国社会经济、产业政策、技术水平以及认知观念等诸多因素的制约，我国的装配式建筑历经了漫长而曲折的发展道路。一直到 20 世纪末，首先我国的住房制度和供给制度发生了根本性变化，住宅的商品化、城市化对建筑行业产生了巨大的影响，其次随着社会的发展和进步，新生代工人已不再青睐劳动条件恶劣、劳动强度大的建筑施工行业，建筑业出现人工短缺现象，同时传统的建筑生产方式还存在资源浪费、噪声污染等问题，因此从社会资源分配、降低能耗、节能环保、实现居民小康以及可持续发展的角度考虑，对传统的建筑业提出了产业转型和升级要求。1999 年，国务院发布了《关于推进住宅产业现代化提高住宅质量的若干意见》，明确了推进住宅产业现代化的指导思想、主要目标、工作重点和实施要求，并专门成立住宅产业化促进中心，配合指导全国住宅产业化工作，装配式建筑发展进入一个新的发展阶段。

特别是党的十八大以来，国家明确提出"走新型工业化道路"，高度重视建筑产业化工作，陆续出台了一系列重要政策和指导方针。2013 年 1 月，国务院发布《绿色建筑行动方案》，要求"推广适合工业化生产的预制装配式混凝土、钢结构等建筑体系，加快发展建设工程的预制和装配技术，提高建筑工业化技术集成水平"。2014 年 7 月，住房和城乡建设部印发了《关于推进建筑业发展和改革的若干意见》，要求"统筹规划建筑产业现代化发展目标和路径，制定完善有关设计、施工和验收标准，组织编制相应标准设计图集，指导建立标准化部品构件体系"。2016 年 2 月，国务院发布《关于进一步加强城市规划建设管理工作的若干意见》，要求"发展新型建造方式。大力推广装配式建筑，建设国家级装配式建筑生产基地；加大政策支持力度，力争用 10 年左右时间，使装配式建筑占新建建筑的比例达到 30%；积极稳妥推广钢结构建筑；在具备条件的地方，倡导发展现代木结构建筑"。

2016年9月,国务院常务会议审议通过了《关于大力发展装配式建筑的指导意见》,指导意见明确了装配式建筑标准规范体系的健全、建筑设计的创新、部品部件生产的优化、装配施工水平的提升、建筑全装修模式的推进、绿色建材的推广、工程总承包模式的推行以及工程质量安全的确保等八方面的要求。在国家政策方针的指导下,各级地方政府积极引导,因地制宜地探索装配式建筑发展政策,全国30多省或城市出台了有关推进建筑产业化或装配式建筑的指导意见和配套措施,有力促进了装配式建筑项目的落地实施。

目前,整个建设行业走装配式建筑发展道路的内生动力日益增强,装配式建筑设计、部品和构配件生产运输、施工以及配套等能力不断提升,设计标准化、部品生产工厂化、现场施工机械化、结构装修一体化、过程管理信息化的新型建筑生产方式正在成为建筑行业发展的方向,装配式建筑任重道远。

1.2 装配式建筑的发展意义和目标

1.2.1 装配式建筑的发展意义

当前我国正处于经济转型发展的关键时期,我国建筑业更是面临着生产方式变革、发展理念更新、生产成果转化的重要任务。而装配式建筑是提升建筑业工业化水平的重要机遇和载体,是推进建筑业节能减排的重要切入点,是建筑质量提升的根本保证。发展装配式建筑能有效地提高建筑业的科技含量,降低资源消耗和环境污染,促进建筑业产业结构的优化和升级,推动建筑业发展方式由粗放型向集约型、效益型和科技型的转变;同时通过标准化设计、工厂化制造、机械化施工和信息化管理,显著提高建筑业的劳动生产率,从而提高建筑的安全和质量,因此在我国推行装配式建筑具有重要的意义,具体如下:

1) 有利于提高工程建设的效率,释放劳动力、提升经济效益

装配式建筑通过标准化设计、预配件工厂化生产、机械化施工,使建筑工人升级为产业工人,劳动强度降低,从而带来生产效率的大幅提高,既缩短了工期,又很大程度地减少了施工人数,降低了劳动力成本;同时工业化的生产方式提升了建造标准,改善了建筑质量,使得建筑具备较好的改造性与耐久性,将一定程度降低业主的运维成本。

2) 有利于节约能源、节约资源,减少环境污染,推动建筑行业低碳节能、可持续的发展

采用工业化的建造方式,施工现场模板、脚手架的用量以及水电的用量将大大减少;施工过程中还可省去抹灰粉刷等工序,而工地噪声、粉尘污染以及建筑垃圾等问题都能得到有效改善,将节能、环保技术与建筑技术有效结合,提升建筑建造的综合效益。

3) 有利于提高工程质量与施工安全

装配式建筑的生产是标准化、工厂化生产,减少了现场的人工操作,机械化的生产与施工以及建筑构件和施工工序的标准化,使工程质量和安全的管控有了极大的保障。

4) 有利于加快城镇化进程

装配式建筑的发展与城镇化进程的推进是一个良性互动的发展过程。一方面城镇化

的快速发展和建筑规模的不断扩大为装配式建筑提供了良好的物质基础和市场条件;另一方面装配式建筑也为城镇化带来了新的产业支撑,通过工厂化生产可有效解决大量的农民就业问题,并促进农民工向产业工人和技术工人转型。两方面的良性互动能有效推动整个社会的城镇化进程和建筑业的健康发展。

5)有利于推动建筑业的技术进步和提升建筑业管理水平

为推进装配式建筑的发展,首先要技术创新,对工业化建筑体系、设计方法、预制构件的生产工艺以及装配式施工工法进行研发,不断完善工程建设技术标准和质量标准体系;其次是管理创新,不断完善适应装配式建筑发展的工程建设管理制度,整合优化整个产业链上的资源,实现建筑的全寿命周期成本最小化、质量最优化、效益最大化。

新时期大力发展装配式建筑,走出一条科技含量高、经济效益好、资源消耗低、环境污染少、人力资源得到充分发挥的新型建筑工业化道路,是实现一种高效、低碳和环保要求的建筑业生产方式,也是转变我国住房城乡建设的发展方式、提升质量和效益的有效途径。

1.2.2　装配式建筑的发展目标

为落实科学发展观,构建资源节约型、环境友好型社会,我国政府高度重视装配式建筑的发展。根据国家相继出台的装配式建筑相关政策,结合目前装配式建筑的发展现状和发展趋势,我国装配式建筑的发展目标如下:

(1)大力推广装配式建筑。到 2020 年,城镇每年新开工装配式建筑面积占当年新建建筑面积的比例达到 15%,其中,国家住宅产业现代化综合试点(示范)城市达到 30% 以上,有条件的区域政府投资采取装配式建造的比例达到 50% 以上。到 2025 年,装配式建筑建造方式成为主要建造方式之一,每年新开工装配式建筑面积占城镇新建建筑面积的比例达到 30% 左右。

(2)创建一批试点示范省(区、市)、示范项目和基地企业。力争到 2020 年,在全国范围内培育 40 个以上示范省(区、市),200 个以上各类型基地企业,500 个以上示范工程,在东中西部形成若干个区域性装配式建筑产业集群,装配式建筑全产业链综合能力大幅度提升。

(3)加快发展装配式装修。政府投资的保障性住房项目应尽快采用装配式装修技术,鼓励社会投资的装配式建筑推行全装修,尽早在装配式建筑中取消毛坯房。

(4)全面提高质量和性能。减少建筑垃圾和扬尘污染,缩短建造工期,延长建筑寿命,满足居民对建筑适用性、环境性、经济性、安全性、耐久性的要求;推进装配式建造方式与绿色建筑、被动式低耗能建筑相互融合,实现住房城乡建设领域的节能、节地、节水、节材和环境保护。

各省(区、市)在国家装配式建筑发展目标的指导下,积极出台相关的政策文件和具体落实细化目标,重点关注培育试点城市及产业化大型企业;开展产业化试点、示范项目;建立住宅产业化技术体系;完善住宅产业化标准体系;规模化推广装配式建筑;推广成品住宅;发展产业化住宅部品;提升住宅质量和性能;提升"四节一环保"水平等方面的建设工作,支持全国装配式建筑的有序、规模化推进。

1.2.3 装配式建筑发展存在的问题

近年来装配式建筑在政策的支持和引导下发展迅速,建筑体系和配套技术日趋成熟,预制配构件生产能力、建筑机械化水平不断提高。但是由于我国工业化的基础薄弱,必须承认整个发展形势仍然比较严峻,主要面临着以下几个问题:

1) 技术标准不完善,建筑材料和产品的标准化、通用化程度不高

装配式建筑技术标准的建立是企业实现建筑产品大批量、社会化、商品化生产的前提,技术标准的制定和完善有利于实现建筑材料和产品的标准化和通用化,各企业生产的部品构件可以互相流通替换,促进构配件生产工厂化、现场施工装配化的良性发展。但目前来看,我国在各类建筑产品的单项技术方面比较成熟,尚未有成体系的建筑标准将其有效地集成和整合起来,使装配式建筑的发展受到了一定的限制。

2) 建造成本居高不下,施工效率不高

工业化生产能够大幅提升劳动效率,节约成本,但是要建立在大规模工业化生产的基础上。目前由于装配式建筑标准体系不完善,建筑部品构件的通用性差,各个产业化基地的生产各自为战,建筑产业没有形成规模化,导致工业化构件部品的价格较高,同时工业化生产缺乏专业队伍和技术工人,没有建立现代化的企业管理模式,施工效率不高,也是造成成本偏高的因素,这在一定程度上阻滞了装配式建筑的推广和发展。

3) 产业技术支撑相对薄弱,专业人才和产业工人严重短缺

随着我国装配式建筑的推进,各地都开展了试点示范项目,积累了一定的经验成果,但要进行全国范围内的规模推进,在技术体系、产品集成以及人才培养和储备等方面还存在一定的不足,施工质量还存在一定隐患。研发适合推广的工业化技术体系,提升整个产业链的技术整合集成能力,引导优秀技术人才、管理人才向装配式建筑转型,建设稳定的产业工人队伍是促使装配式建筑规模稳健发展的前提。

4) 与装配式建筑配套的以全产业链为基础的政策和法规尚需完善

政策法规的完善是装配式建筑顺利实施的必要保证,虽然我国对装配式建筑的重视程度较大,并积极制定了相关政策和法规,但针对装配式建筑发展配套的以全产业链为基础的政策制度研究和制定仍然有很大的空白需要填补。为加快推进装配式建筑的发展,政府应营造完善的政策措施和制度体系,并制定和落实各项激励措施和保障措施,使政策法规体系与装配式建筑的发展相协调,培育装配式建筑产业链,形成可持续的市场运行机制。

1.3 装配式建筑的结构体系

结构体系是指结构抵抗外部作用的构件组成方式。按材料主要可分为混凝土结构、钢结构、木结构等体系类型。适用于装配式建筑的结构体系,除了满足结构安全性、适用

性、耐久性等一般必需的建筑功能要求外,还必须满足适合工厂化生产、机械化施工、方便运输、节能环保、经济绿色等建筑工业化的功能要求。综合考虑各结构体系的特点和装配式建筑的特征,我国装配式建筑结构体系的选择主要集中在装配式混凝土结构体系和装配式钢结构体系上。

1.3.1 装配式混凝土结构体系

钢筋混凝土结构因其具有取材方便、成本低、刚度大及耐久性好的优点,在建筑结构以及土木工程中的应用非常广泛,目前我国 80%以上的中、高层建筑都是混凝土结构的,具体的结构形式有框架结构、剪力墙结构、框架-剪力墙结构和筒体结构等。

推进装配式建筑,首先就是要发展工厂化和机械化,而混凝土结构构件非常有利于预制化生产和机械化施工。装配式混凝土结构可以将大量的湿作业施工转移到工厂内进行标准化的生产,并将保温、装饰整合在预制构件生产环节完成,原材料和施工水电消耗大幅下降,能有效提高工程质量、加快工期、节约成本、降低污染。在新中国成立初期发展最为成熟的装配式建筑体系就是预制混凝土大板住宅,在工厂预制好内、外墙板,楼板,屋面板以及楼梯等构件,运到施工现场进行装配和连接。虽然装配式混凝土建筑中间经历了十几年的发展停滞时期,但随着向节约型社会转型升级的可持续发展方向的逐步明确,在国家与地方政府的支持下,我国装配式混凝土结构体系在近十年来重新迎来发展契机,形成了如装配式剪力墙结构、装配式框架结构、装配式框架-剪力墙结构等多种形式的装配式建筑技术,完成了如《装配式混凝土结构技术规程》(JGJ 1—2014)、《钢筋套筒灌浆连接应用技术规程》(JGJ 355—2015)、国家标准设计图集《装配式剪力墙住宅》等相应技术规程的编制。全国各地都加大了预制装配式混凝土结构体系的试点推广应用工作,在部分工程项目中将装配式混凝土结构和装配式内装相结合,为进一步推进建筑工业化,实现一体化的系统集成进行了有益的尝试。

1.3.2 装配式钢结构体系

钢结构建筑的钢梁、钢柱以及钢板剪力墙等构件均可由工厂加工生产,构件在现场只需进行螺栓或焊接连接,具有轻质高强、抗震性能好、工业化程度高、施工周期短、绿色环保等优点,因此钢结构体系是实现装配绿色建筑的最佳结构形式。工程中常用的装配式钢结构形式主要有钢框架结构、钢框架-支撑(延性墙板)结构、筒体结构等。

与装配式混凝土结构相比,装配式钢结构建筑在我国的发展相对成熟,在工业建筑及大跨空间结构领域占有主导地位,相应的设计标准和施工质量验收规范如《高层民用建筑钢结构技术规程》(JGJ 99—2015)、《钢板剪力墙技术规程》(JGJ/T 380—2015)、《钢结构住宅设计规范》(CECS 261—2009)、《钢结构工程施工质量验收规范》(GB 50205—2001)、《建筑钢结构防火技术规范》(CECS 200—2006)、《装配式钢结构建筑技术标准》(GB/T 51232—2016)等也比较完善。但不可否认的是目前钢结构在民用建筑市场特别是量大面广的住宅市场占有率较低,这与我国的经济发展、住宅的交房标准有关,也和与钢结构相配套的板材（外墙板、内墙板和楼板）体系发展水平有关，因此为大力推广钢结构体系，加快我国建筑工业化的发展，应有组织地研发与钢结构体系相配套的墙板围护技术、整体厨卫技术和一次性装修技术，提倡装饰、装修工厂化和装配化，通过不断的技术创新，规模化生产和资源的高效利用，实现国家节能减排和可持续发展的目标。

第2章

装配式混凝土结构体系的研究

我国装配式混凝土结构体系的研究和应用始于 20 世纪 50 年代,直到 20 世纪 80 年代,在工业与民用建筑中一直有着比较广泛的应用。在 20 世纪 90 年代以后,由于种种原因,装配式混凝土结构的应用尤其是在民用建筑中的应用逐渐减少。随着国民经济的持续快速发展、节能环保要求的提高、劳动力成本的不断增长,近十年来我国对装配式混凝土结构的研究逐渐升温。一是试点城市、示范项目的带动效果越来越明显,自 2006 年开始设立国家住宅产业化基地以来,全国先后批准了 6 个住宅产业化试点城市、3 个国家住宅产业现代化示范城市和 46 个住宅开发和部品部件生产企业。二是相关技术标准越来越完善,《装配式混凝土建筑技术标准》(GB/T 51231—2016)、《装配式混凝土结构技术规程》(JGJ 1—2014)、《预制预应力混凝土装配整体式框架结构技术规程》(JGJ 224—2016)均是近年编制的有关技术规程。三是产业的聚集效应越来越凸显,万科、中建、宇辉等一大批企业积极主动地开展研发和工程实践,建筑业的大型企业集团热烈响应。

目前,装配式混凝土结构设计最大的特点是等同于现浇。装配式混凝土结构的设计是在选用可靠的预制构件受力钢筋连接技术的基础上,采用预制构件与后浇混凝土相结合的方法,通过合理可靠的连接节点,将预制构件连接成一个整体,保证其具有与现浇混凝土结构等同的延性、承载力和耐久性能,达到与现浇混凝土结构性能基本等同的效果。

因此,对装配式混凝土结构应采取有效措施加强其结构的整体性。装配式混凝土结构的整体性主要体现在预制构件之间、预制构件与后浇混凝土之间的连接节点上,包括接缝混凝土粗糙面及键槽的处理、钢筋连接锚固技术、设置的各类连接钢筋、构造钢筋等。

2.1 装配式混凝土框架结构

装配式混凝土框架建筑在欧美、日本的发展已经比较成熟,在我国台湾地区的发展也十分迅速,工程实例较多。图 2-1 所示的台湾大学土木楼即为装配式混凝土框架结构,地下 1 层,地上 9 层,屋面局部突出 2 层,总建筑面积约 1 万 m²,结构高度 35.7 m。采用了装配式结构后,施工速度很快,该建筑从 2008 年 1 月开始挖土,6 月通过验收投入使用。其中,地上主体结构 5 天组装一层,工期共 58 天。该建筑还采用了隔震技术(图 2-1c),在 2 层的柱下设置了 19 个铅芯橡胶隔震支座。

(a) 建筑图

(b) 预制梁及楼板施工

(c) 隔震系统

图 2-1　台湾大学土木楼

　　我国装配式混凝土框架结构主要参考了日本和我国台湾地区的技术。梁、柱均进行预制,框架柱竖向受力钢筋采用套筒灌浆技术进行连接,节点区域装配现浇,采用这种装配做法的预制构件比较规整,易于运输。装配式框架结构设计的重点在于预制构件之间的连接、节点区钢筋的布置等。

2.1.1　装配式混凝土框架结构的特点及适用范围

混凝土框架结构计算理论比较成熟,布置灵活,容易满足不同的建筑功能需求,在多层、高层结构中应用较广。框架结构的构件比较容易实现规模化和标准化,连接节点较简单,种类较少,构件连接的可靠性容易得到保证。因此,相比较而言,装配式框架结构的等同现浇设计理念容易实现。

装配式框架结构的单个构件重量较小,吊装方便,对现场起重设备的起重量要求较低,可以根据具体情况确定预制方案。结合外墙板、内墙板、预制楼板或预制叠合楼板的应用,装配式框架结构可以实现较高的预制率,详见图 2-2 所示:

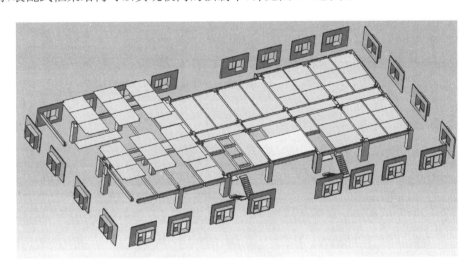

图 2-2　装配式混凝土框架结构示意

目前,国内研究和应用的装配式混凝土框架结构,根据构件的预制率及连接形式,可以大致分为以下几种做法:

(1) 竖向构件(框架柱)现浇,水平构件(梁、板、楼梯等)采用预制构件或预制叠合构件(图 2-3a),这种构件预制及连接形式是早期装配式混凝土框架结构的常用做法。

(2) 竖向构件及水平构件均采用预制,通过梁柱后浇节点区进行整体连接(图 2-3b),这种构件预制及连接形式已纳入了《装配式混凝土结构技术规程》(JGJ 1—2014)中,是目前装配式混凝土框架结构设计的常用做法。

(3) 竖向构件及水平构件均采用预制,梁、柱内预埋型钢通过螺栓连接或焊接,并结合节点区后浇混凝土,形成整体结构(图 2-3c)。

(4) 采用钢支撑或耗能减震装置替代部分剪力墙,实现高层框架结构构件的全部预制装配化。这种装配式混凝土框架-钢支撑结构体系,提高了结构的抗震性能和装配式框架结构的适用高度。国内首次在南京万科上坊保障房项目中采用了装配式混凝土框架-钢支撑结构体系(图 2-3d),该项目已在 2012 年 12 月通过竣工验收。该项目整体装配率为 81.31%,是当时国内预制装配率最高的项目。

（5）梁柱节点区域和周边部分构件整体预制，在梁柱构件应力较小处连接（图2-3e）。这种做法优点是将框架结构施工中最为复杂的节点部分在工厂预制，避免了节点区各个方向钢筋交叉避让的问题，但其对预制构件精度要求高，运输和吊装较为困难。

(a) 先浇筑柱，后吊装预制梁，再吊装预制板

(b) 梁柱后浇节点区进行整体连接

(c) 梁柱后浇节点区型钢连接

图2-3-1　常见装配式混凝土框架结构连接形式（a）（b）（c）

(d) 南京万科上坊保障房项目

(e) 梁柱节点整体预制

图 2-3-2 常见装配式混凝土框架结构连接形式(d)(e)

上述各类装配式混凝土框架结构的外围护结构通常采用预制混凝土外挂墙板,梁、板为叠合构件,楼梯、空调板、女儿墙为预制构件。

日本以及我国台湾地区等地的装配式框架结构大量应用于包括居住建筑在内的高层、超高层民用建筑中,而我国装配式框架结构的适用高度较低,仅适用于多层、小高层建筑中(表 2-1),其最大适用高度低于剪力墙结构或框架-剪力墙结构。因此,我国装配式混凝土框架结构主要应用于厂房、仓库、商场、停车场、办公楼、教学楼、医务楼、商务楼以及住宅等建筑,这些建筑一般要求开敞的大空间和相对灵活的室内布局,同时建筑总高度不高。

表 2-1 装配式混凝土框架结构房屋的最大适用高度 (m)

非抗震设计	抗震设防烈度			
	6 度	7 度	8 度(0.2g)	8 度(0.3g)
70	60	50	40	30

2.1.2　装配式混凝土框架结构的构件拆分

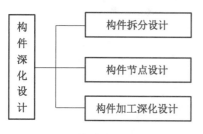

图 2-4　构件深化设计流程

与传统的现浇混凝土结构设计相比,在装配式混凝土结构设计中需增加一道设计流程:构件的深化设计。构件的深化设计是装配式建筑设计的关键环节,包括了构件的拆分设计、构件的拼装连接设计及构件的加工深化设计,详见图 2-4 所示。

装配式混凝土框架结构的构件拆分设计主要针对柱、梁、楼板、外墙板及楼梯等构件。构件的拆分设计需要确定预制构件的使用范围及预制构件的拆分形式。为满足工业化建造的要求,预制构件的拆分应充分考虑预制构件的制作、运输、安装各环节对预制构件拆分设计的限制,遵循受力合理、连接简单、施工方便、少规格、多组合的原则,选择适宜的预制构件尺寸和重量,尽可能减少构件规格和连接节点种类,使预制构件易于加工、堆放、运输及安装,保证工程质量,控制建造成本。

1) 柱的拆分

柱一般按层高进行拆分。根据《预制预应力混凝土装配式整体式框架结构技术规程》(JGJ 224—2010)中的相关规定,柱也可以拆分为多节柱。由于多节柱的脱膜、运输、吊装、支撑都比较困难,且吊装过程中钢筋连接部位易变形,从而使构件的垂直度难以控制。设计中柱多按层高拆分为单节柱,以保证柱垂直度的控制调节,简化预制柱的制作、运输及吊装,保证质量,详见图 2-5 所示:

(a) 多节柱　　　　　　　　　　　　　　(b) 单节柱

图 2-5　柱的拆分

2) 梁的拆分

装配式框架结构中的梁包括主梁、次梁(图 2-6)。主梁一般按柱网拆分为单跨梁,当跨距较小时可拆分为双跨梁;次梁以主梁间距为单元拆分为单跨梁。

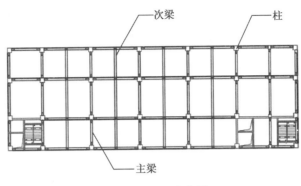

图 2-6   梁拆分布置

3）楼板的拆分

楼板按单向叠合板和双向叠合板进行拆分。

拆分为单向叠合板时，楼板沿非受力方向划分，预制底板采用分离式接缝，可在任意位置拼接；拆分为双向叠合板时，预制底板之间采用整体式接缝，接缝位置宜设置在叠合板的次要受力方向上且该处受力较小，预制底板间宜设置 300 mm 宽后浇带用于预制板底钢筋连接。详见图 2-7 所示：

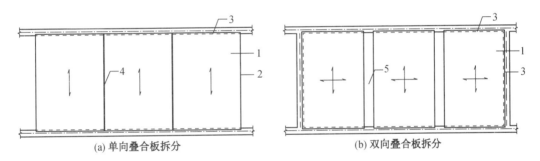

(a) 单向叠合板拆分   (b) 双向叠合板拆分

图 2-7   楼板拆分示意

1—预制叠合楼板；2—板侧支座；3—板端支座；4—板侧分离式拼接；5—板侧整体式拼接

为方便卡车运输，预制底板宽度一般不超过 3 m，跨度一般不超过 5 m。在一个房间内，预制底板应尽量选择等宽拆分，以减少预制底板的类型。当楼板跨度不大时，板缝可设置在有内隔墙的部位，这样板缝在内隔墙施工完成后可不用再处理。预制底板的拆分还需考虑房间照明位置，一般来说板缝要避开灯具位置。卫生间、强弱电管线密集处的楼板一般采用现浇混凝土楼板的方式。

预制底板的厚度（图 2-8），根据预制过程、吊装过程以及现场浇筑过程的荷载确定。一般来说，预制底板厚度不小于 60 mm，现浇混凝土厚度不小于 70 mm。

4）外挂墙板的拆分

外挂墙板是装配式混凝土框架结构上的非承重外围护挂板，其拆分仅限于一个层高和一个开间。外挂墙板的几何尺寸要考虑到施工、运输条件等，当构件尺寸过长过高时，如跨越两个层高后，主体结构层间位移对其外挂墙板内力的影响较大。

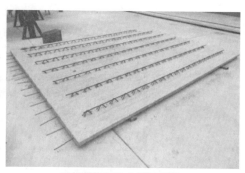

(a) 预应力预制叠合楼板底板   (b)钢筋桁架叠合楼板底板

图 2-8　预制叠合楼板底板

外挂墙板拆分的尺寸应根据建筑立面的特点,将墙板接缝位置与建筑立面相对应,既要满足墙板的尺寸控制要求,又将接缝构造与立面要求结合起来,详见图 2-9 所示:

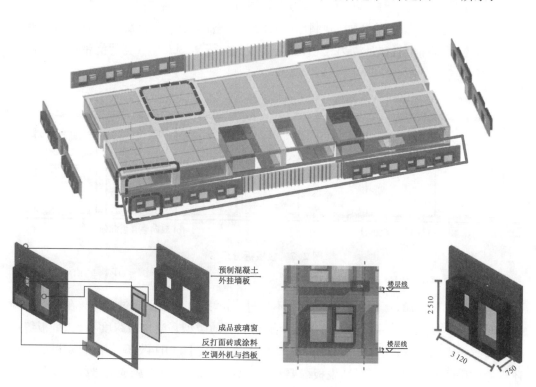

图 2-9　预制外挂墙板

5) 楼梯的拆分

剪刀楼梯宜以一跑楼梯为单元进行拆分。为减少预制混凝土楼梯板的重量,可考虑将剪刀楼梯设计成梁式楼梯。不建议为减少预制混凝土楼梯板的重量而在楼梯梯板中部设置梯梁,采用这种拆分方式时,楼梯安装速度慢,连接构造复杂。

双跑楼梯半层处的休息平台板,可以现浇,也可以与楼梯板一起预制,或者做成

60 mm＋60 mm 的叠合板。

预制楼梯板(图 2-10)宜采用一端固定铰一端滑动铰的方式连接,其转动及滑动变形能力要满足结构层间变形的要求,且预制楼梯端部在支承构件上的最小搁置长度应符合表 2-2 的要求。

表 2-2　预制楼梯板在支承构件上的最小搁置长度

抗震设防烈度	7 度	8 度
最小搁置长度(mm)	100	100

(a) 双跑楼梯

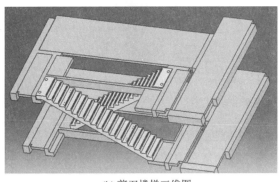

(b) 剪刀楼梯三维图

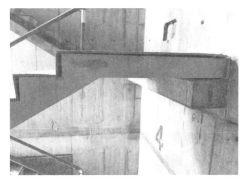

(c) 预制楼梯节点

图 2-10　预制楼梯板

2.1.3　装配式混凝土框架结构的设计要点

装配式混凝土框架结构的设计要点主要包括预制柱的连接、梁柱的连接、主次梁的连接、预制板与梁的连接、预制板与预制板的连接及其他连接等。

1) 预制柱的连接

(1) 预制柱的结合面

预制柱的底部应设置键槽且宜设置粗糙面(图 2-11)。键槽应均匀布置,键槽深度不宜小于 30 mm,键槽端部斜面倾角不宜大于 30°。柱顶应设置粗糙面,粗糙面的面积不宜小于结合面的80%,预制柱端的粗糙面凹凸深度不应小于6 mm。

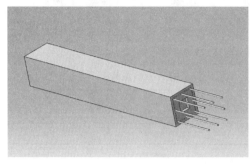

图 2-11 预制柱底部键槽

(2) 预制柱的钢筋连接与锚固

预制柱纵向钢筋宜采用套筒灌浆连接。套筒灌浆连接技术成熟,是装配式混凝土框架结构的关键、核心的技术之一,详见图 2-12 所示:

图 2-12 预制柱套筒灌浆连接

套筒灌浆连接接头要求灌浆料有较高的抗压强度,套筒具有较大的刚度和较小的变形能力。根据行业标准《钢筋套筒灌浆连接应用技术规程》(JGJ 355—2015)的有关规定,套筒主要有全灌浆套筒和半灌浆套筒两种。全灌浆套筒的两端均采用套筒灌浆连接,半灌浆套筒的一端采用套筒灌浆连接,另一端采用机械连接。其中,套筒灌浆连接端用于钢筋锚固的深度(L_0)不宜小于 8 倍钢筋直径的要求,详见图 2-13 所示。

为便于预制柱纵向受力钢筋的连接及节点区钢筋的布置,应采用较大直径钢筋及较大的柱截面,以减少钢筋根数,增大钢筋间距。预制柱的纵向受力钢筋直径不宜小于 20 mm,矩形柱截面宽度或圆柱直径不宜小于 400 mm,且不宜小于同方向框架梁宽的 1.5 倍。

当预制柱纵向受力钢筋在柱底采用套筒灌浆连接时,套筒连接区域柱截面刚度及承载力较大,柱的塑性铰可能会上移到套筒连接区域以上。因此,至少在套筒连接区域以上 500 mm 高度范围内将柱箍筋加密,套筒上端第一道箍筋距离套筒顶部不应大于 50 mm,详见图 2-14 所示。

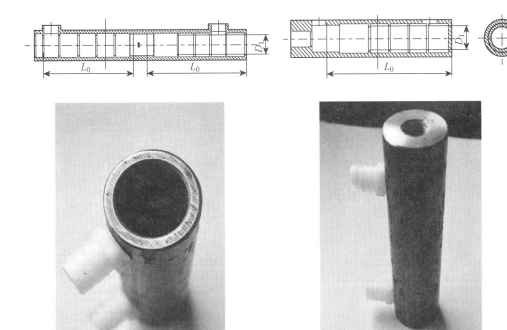

全灌浆套筒   半灌浆套筒

图 2-13 灌浆套筒

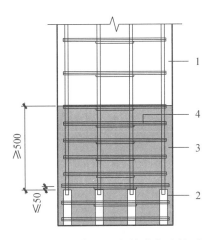

图 2-14 钢筋采用套筒灌浆连接时
柱底箍筋加密区域构造

1—预制柱；2—半套筒灌浆连接接头；
3—箍筋加密区（阴影区域）；4—加密区箍筋

在预制柱叠合梁框架中，柱底接缝宜设置在楼面标高处，厚度取 20 mm 并采用灌浆料填实，详见图 2-15 所示。柱底接缝灌浆与套筒灌浆可同时进行，柱底键槽的形式应便于灌浆料填缝时气体的排出。后浇节点区混凝土上表面应设置粗糙面，增加与灌浆层的粘结力及摩擦系数，柱纵向受力钢筋应贯穿后浇节点区连接。

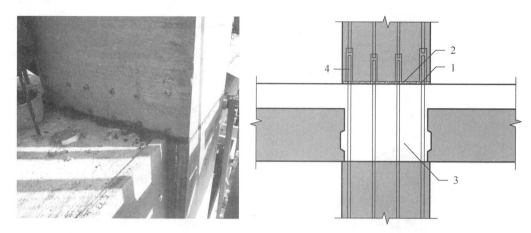

图 2-15　预制柱底接缝构造

1—后浇节点区混凝土上表面粗糙面；2—接缝灌浆层；3—后浇区；4—柱纵向受力钢筋连接

2）梁柱的连接

在预制柱叠合梁框架节点中，梁钢筋在节点中锚固及连接的方式是决定施工可行性以及节点受力性能的关键。

设计时，应充分考虑到施工装配的可行性，合理确定梁、柱的截面尺寸，梁、柱构件应尽量采用较粗直径、较大间距的钢筋布置方式，避免梁柱钢筋在节点区内锚固时位置发生冲突。另外，当节点区的主梁钢筋较少时，有利于节点的装配施工，保证施工质量。

节点区施工时，应注意合理安排节点区箍筋，控制节点区钢筋的位置（图 2-16）。

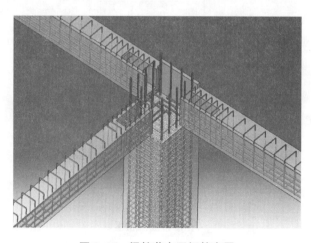

图 2-16　梁柱节点区钢筋布置

采用预制柱及叠合梁的框架节点，梁纵向受力钢筋可伸入后浇节点区内锚固或连接，也伸至节点区外后浇段内连接。

（1）框架中间层中节点

在框架中间层的中节点，节点两侧的梁下部纵向受力钢筋宜锚固在后浇节点区内，也可采用机械连接或焊接的方式直接连接，梁的上部纵向受力钢筋应贯穿后浇节点区。对框架中间层端节点,当柱截面尺寸不满足梁纵向受力钢筋的直线锚固要求时,宜采用锚固板锚固,也可以采用 90°弯折锚固,详见图 2-17 所示:

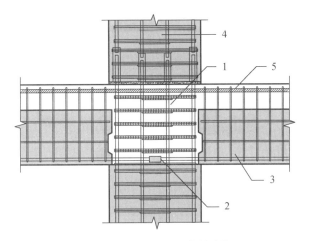

(a) 梁下部纵向受力钢筋机械连接

1—后浇区;2—梁下部纵向受力钢筋连接;3—预制梁;4—预制柱;5—梁上部纵向受力钢筋

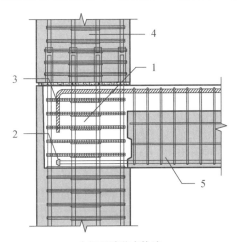

(b) 中间层端节点构造

1—后浇区;2—梁下部纵向受力钢筋锚固板锚固;3—预制梁;4—预制柱;5—梁上部纵向受力钢筋90°弯折锚固

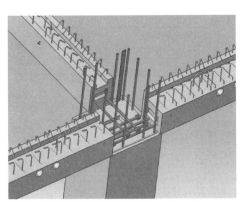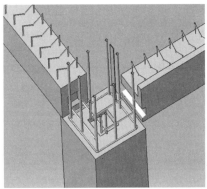

(c) 预制柱及叠合梁框架梁柱节点三维示意

图 2-17-1　预制柱及叠合梁框架中间层梁柱节点

图 2-17-2　预制柱及叠合梁框架梁柱节点现场装配图

（2）框架顶层中节点

对于框架顶层的中节点，梁纵向受力钢筋的构造同框架中间层中节点。柱纵向受力钢筋宜采用直线锚固，当梁截面尺寸不满足直线锚固要求时，可采用锚固板锚固。对框架顶层端节点，梁下部纵向受力钢筋应锚固在后浇节点区内，且宜采用锚固板的锚固方式。梁、柱其他纵向受力钢筋的锚固应符合下列规定：

① 柱宜伸出屋面并将柱纵向受力钢筋锚固在伸出段内，伸出段长度不宜小于 500 mm，伸出段内箍筋间距不应大于 5 倍的柱纵向受力钢筋直径，且不应大于 100 mm。柱纵向钢筋宜采用锚固板锚固，锚固长度不应小于 40 倍的纵向受力钢筋直径，梁上部纵向受力钢筋宜采用锚固板锚固，详见图 2-18 所示：

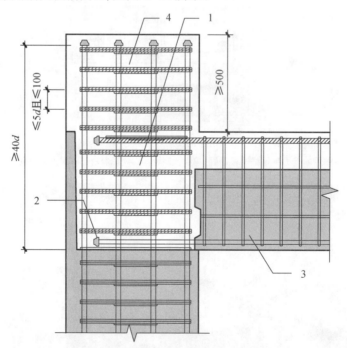

图 2-18　预制柱及叠合梁框架中间层端节点构造

1—后浇区；2—梁下部纵向受力钢筋锚固板锚固；3—预制梁；4—柱延伸段

② 柱外侧纵向受力钢筋也可与梁上部纵向受力钢筋在后浇节点区搭接,其构造要求应符合现行国家标准《混凝土结构设计规范》(GB 50010)中的规定,柱内侧纵向受力钢筋宜采用锚固板锚固。

(3) 预制柱叠合梁框架节点区

当柱截面较小,梁下部纵向钢筋在节点区内连接困难时,叠合梁下部纵向受力钢筋也可伸至节点区外的后浇段内连接。为保证梁端塑性铰区的性能,钢筋连接接头与节点区的距离不应小于1.5倍的框架梁截面有效高度,详见图2-19所示:

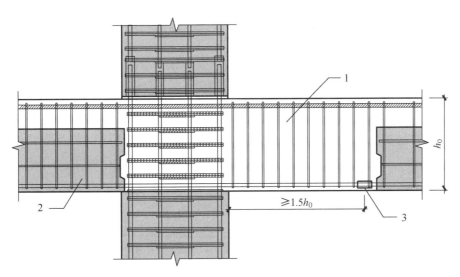

图 2-19 梁纵向钢筋在节点区外的后浇段内连接

1—后浇区;2—预制梁;3—纵向受力钢筋连接

3) 主次梁的连接

(1) 后浇段连接

主梁与次梁可采用后浇段连接,在主梁上预留后浇段,混凝土断开而钢筋连续,以便穿过和锚固次梁钢筋。

次梁下部纵向钢筋伸入主梁后浇段内的长度不应小于12倍的纵向钢筋直径,次梁上部纵向钢筋应在主梁后浇段内锚固。当锚固直段长度小于l_a时,可采用弯折锚固或锚固板;若充分利用钢筋强度,则锚固直段长度不应小于$0.6l_{ab}$;若按铰接设计,则锚固直段长度不应小于$0.35l_{ab}$;弯折锚固的弯折后直段长度不应小于12倍的纵向钢筋直径。主次梁后浇段连接详见图2-20、图2-21所示。

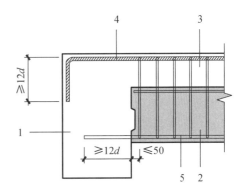

图 2-20 主次梁连接节点

1—主梁后浇段;2—次梁;3—后浇段混凝土叠合层;
4—次梁上部纵向钢筋;5—次梁下部纵向钢筋

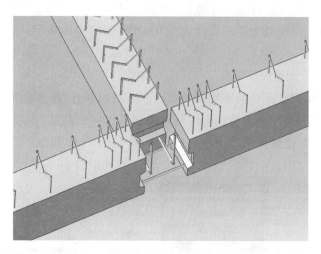

图 2-21　主次梁后浇段连接节点三维图

（2）挑耳连接

当主梁截面较高且次梁截面较小时，主梁预制混凝土可不完全断开，采用预留凹槽的形式与次梁连接，同时次梁端做成挑耳搁置于主梁的凹槽上（图 2-22）。在完成主、次梁的负筋绑扎后，与楼层的后浇层一起施工，从而形成主梁、次梁的整体式连接。

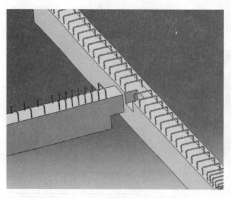

图 2-22　主次梁挑耳连接节点三维图

4）预制板与梁的连接

（1）预制板与边梁的连接

预制板内的纵向受力钢筋宜从板端伸出并锚入支承梁的后浇混凝土中，锚固长度不应小于 5 倍的纵向受力钢筋直径，且宜伸过支座中心线（图 2-23a）。

当采用桁架钢筋混凝土叠合板时，若桁架钢筋混凝土叠合板满足后浇混凝土叠合层厚度不小于 100 mm 且不小于预制板厚度的 1.5 倍时，预制板板底受力钢筋可采用分离式搭接锚固，预制板底受力钢筋可不伸出板端，但需在现浇层内设置附加钢筋伸入支座梁锚固（图 2-23b），同时满足：

① 附加钢筋面积不应少于受力方向跨中板底钢筋面积的 1/3。

② 附加钢筋直径不宜小于 8 mm,间距不宜大于 250 mm。

③ 当附加钢筋为构造钢筋时,伸入楼板的长度不应小于与板底钢筋的受压搭接长度,伸入支座梁的长度不应小于 15 倍的附加钢筋直径,且宜过梁中心线;当附加钢筋承受拉力时,伸入楼板的长度不应小于与板底钢筋的受拉搭接长度,伸入支座梁的长度不应小于受拉钢筋锚固长度。

④ 垂直于附加钢筋的方向应布置横向分布附加钢筋,在搭接范围内不宜少于 3 根,且钢筋直径不宜小于 6 mm,间距不宜大于 250 mm。

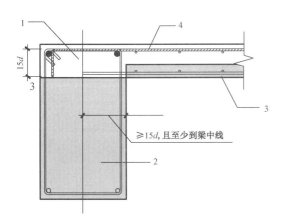

(a) 预制板留有外伸板底纵筋

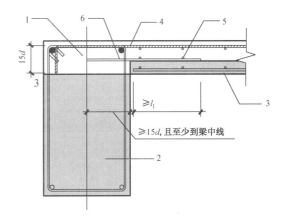

(b) 预制板无外伸板底纵筋

(c) 现场装配图

图 2-23　预制板端与边梁的连接

1—后浇区；2—支承梁；3—预制板；4—板面纵向钢筋；
5—附加通长构造钢筋；6—板底连接纵筋

单向叠合板内的分布钢筋若伸入支承梁的后浇混凝土中,应符合上述要求。当叠合板底分布钢筋不伸入支承梁的后浇混凝土中时,宜在紧邻预制板顶面的后浇混凝土叠合层中设置板底连接纵筋,其截面面积不宜小于预制板内的同向分布钢筋面积,间距不宜大于 600 mm,在板的后浇混凝土叠合层内锚固长度不应小于 15 倍的附加钢筋直径,在支承梁内的锚固长度不应小于 15 倍的附加钢筋直径且宜伸过支承梁中心线(图 2-24)。

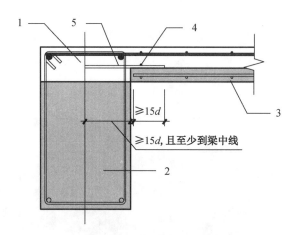

图 2-24 叠合板侧与边梁连接构造

1—后浇区;2—支承梁;3—预制板;
4—附加通长构造钢筋;5—板底连接纵筋

(2) 预制板与中梁的连接

预制板与中梁的连接应遵循以下几个原则:

① 上部负弯矩钢筋与另一侧板的负弯矩钢筋共用一根钢筋。

② 底部伸入中梁的钢筋与端部边梁或侧边梁一样伸入即可。

③ 如果中梁两边的板都是单向板侧边(图 2-25),连接钢筋合为一根,如果有一个板不是单向板侧边,则与板侧边梁一样,伸到中心线位置。

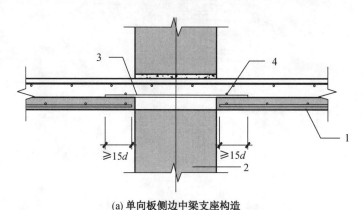

(a) 单向板侧边中梁支座构造

图 2-25-1 单向板与中梁连接节点(a)

1—单向板侧边;2—中梁;3—板底连接纵筋;4—附加通长构造钢筋

(b) 单向板与梁三维装配图

图 2-25-2 单向板与中梁连接节点（b）

5）预制板与预制板的连接

（1）单向预制板

单向预制板板侧的分离式接缝宜配置附加钢筋，并应符合下列规定：

① 接缝处紧邻预制板顶面宜设置垂直于板缝的附加钢筋，附加钢筋伸入两侧后浇混凝土叠合层的锚固长度不应小于 15 倍的附加钢筋直径。

② 附加钢筋截面面积不宜小于预制板中该方向钢筋面积，钢筋直径不宜小于 6 mm，间距不宜大于 250 mm（图 2-26）。

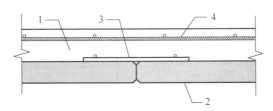

(a) 单向叠合板板侧分离式拼缝构造示意图

1—后浇混凝土叠合层；2—预制板；3—附加钢筋；4—后浇层内钢筋

(b) 单向叠合板板侧分离式拼缝现场装配图

图 2-26 单向叠合板板侧分离式拼缝

（2）双向预制板

双向预制板板侧的整体式接缝宜设置在叠合板的次要受力方向上且宜避开最大弯矩截面，可设置在距离支座 $0.2\sim0.3L$ 尺寸的位置（L 为双向板次要受力方向净跨度）。接缝可采用后浇带形式，详见图 2-27 所示，并应符合下列规定：

① 后浇带宽度不宜小于 200 mm。

② 后浇带两侧板底纵向受力钢筋可在后浇带中焊接、搭接连接、弯折锚固。

③ 后浇带两侧板底纵向受力钢筋在后浇带中弯折锚固时，叠合板厚度不应小于 $10d$，且不应小于 120 mm（d 为弯折钢筋直径的较大值）；接缝处预制板侧伸出的纵向受力钢筋应在后浇混凝土叠合层内锚固，且锚固长度不应小于 l_a；两侧钢筋在接缝处重叠的长度不应小于 $10d$，钢筋弯折角度不应大于 30°，弯折处沿接缝方向应配置不少于 2 根通长的构造钢筋，且直径不应小于该方向预制板内钢筋直径。

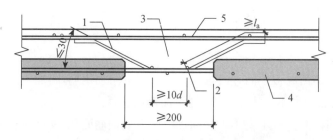

(a) 双向预制板整体式接缝构造示意图

1—纵向受力钢筋；2—通长构造钢筋；3—后浇混凝土叠合层；4—预制板；5—后浇层内钢筋

(b) 双向预制板整体式接缝现场装配图

图 2-27　双向预制板整体式接缝

6）其他连接

（1）叠合阳台板

与叠合楼板类似，叠合阳台板在装配式混凝土结构中占有很大的应用比例。叠合阳台板由预制阳台板和叠合部分组成,主要通过预制阳台板的预留钢筋和叠合层的钢筋搭接或焊接与主体结构连为整体(图 2-28)。

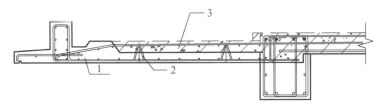

(a) 叠合阳台板连接

1—叠合阳台板；2—阳台板中钢筋桁架；3—阳台现浇叠合层

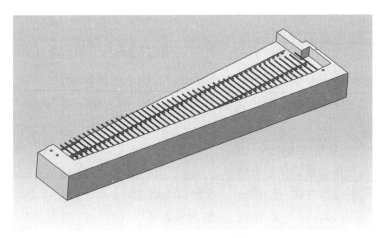

(b) 叠合阳台板三维图

(c) 预制阳台板现场图

图 2-28　叠合阳台板

(2) 预制混凝土空调板

在预制混凝土空调板内,预留弯矩钢筋伸入主体结构后浇层(图 2-29),与主体结构梁板钢筋可靠绑扎,浇筑成整体。负弯矩钢筋伸入主体结构水平长度不应小于 $1.1l_a$。

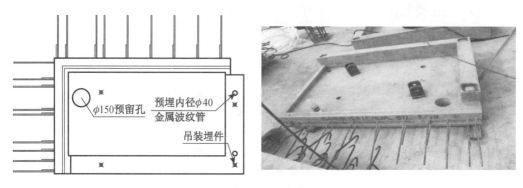

图 2-29　预制混凝土空调板

2.2　装配式混凝土剪力墙结构

工程中常用的装配式混凝土剪力墙结构根据竖向构件的预制化程度可分为三种：全部或部分预制剪力墙结构、装配整体式双面叠合混凝土剪力墙结构、内浇外挂剪力墙结构。

1）全部或部分预制剪力墙结构

全部或部分预制剪力墙结构通过竖缝节点区后浇混凝土和水平缝节点区后浇混凝土带或圈梁实现结构的整体连接（图 2-30）。这种剪力墙结构工业化程度高，预制内外墙均参与抗震计算，但对外墙板的防水、防火、保温的构造要求较高，是《装配式混凝土结构技术规程》（JGJ 1—2014）中推荐的主要做法。

图 2-30　预制剪力墙

2）装配整体式双面叠合混凝土剪力墙结构

装配整体式双面叠合混凝土剪力墙结构将剪力墙从厚度方向划分为三层，内外两侧预制，通过桁架钢筋连接，中间现浇混凝土，墙板竖向分布钢筋和水平部分钢筋通过附加钢筋实现间接连接（图 2-31）。

装配整体式双面叠合混凝土剪力墙结构的竖向受力钢筋布置于预制双面叠合墙内，

图 2-31 预制双层叠合板

在楼层接缝处布置上下搭接受力钢筋,并在预制双面间隙内浇筑混凝土形成双面叠合剪力墙。国家标准《装配式混凝土建筑技术标准》(GB/T 51231—2016)中明确该结构适用于抗震设防烈度 8 度及以下地区、建筑高度不超过 90 m 的装配式房屋。

3) 内浇外挂剪力墙结构

通过预制的混凝土外墙板和现浇部分形成内浇外挂剪力墙结构的剪力墙外墙(图 2-32)。剪力墙内墙均为现浇混凝土剪力墙。这种结构体系纳入了上海市地方标准《装配整体式混凝土住宅体系设计规程》(DG/T J08-2071—2010),技术较成熟,抗震性能较好,现场施工方便。

图 2-32 预制外墙模板

2.2.1　装配式混凝土剪力墙结构的特点及适用范围

国外对装配式混凝土剪力墙建筑的研究、试验和经验不多，工程应用较少。在国内，装配式混凝土剪力墙结构具有无梁柱外露、楼板可直接支承在墙上、房间墙面及天花板平整等优势，深受国人认可。近几年装配式混凝土剪力墙结构被广泛应用于住宅、宾馆等建筑中，成为我国应用最多的一种装配式结构体系（图 2-33）。

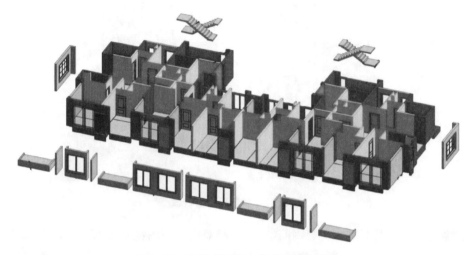

图 2-33　装配式混凝土剪力墙结构示意

由于对装配式混凝土剪力墙建筑的研究、试验和经验较少，国内对装配式混凝土剪力墙结构的规定比较慎重。考虑到预制墙中竖向接缝对剪力墙刚度有一定影响，行业标准《装配式混凝土结构技术规程》（JGJ 1—2014）规定的适用高度低于现浇剪力墙结构：在 8 度（$0.3g$）及以下抗震设防烈度地区，对比同级别抗震设防烈度的现浇剪力墙结构最大适用高度通常降低 10 m，当预制剪力墙底部承担总剪力超过 80％时，建筑适用高度降低 20 m。

与装配式框架结构构件较简单、采用较少数量的高强度大直径钢筋的连接方式相比较而言，装配式剪力墙结构的剪力墙连接面积大、钢筋直径小、钢筋间距小，连接复杂，施工过程中很难做到对连接节点灌浆作业的全过程质量监控。因此，在装配式剪力墙结构设计中，建议部分剪力墙预制、部分剪力墙现浇，现浇剪力墙作为装配式剪力墙结构的"第二道防线"。

装配式混凝土剪力墙结构的关键技术在于预制剪力墙之间的拼缝连接。预制墙体的竖向接缝多采用后浇混凝土连接，其水平钢筋在后浇段内锚固或者搭接。具体有以下连接做法：

（1）竖向钢筋采用套筒灌浆连接，拼缝采用灌浆料填实；

（2）竖向钢筋采用螺旋箍筋约束浆锚搭接连接，拼缝采用灌浆料填实；

（3）竖向钢筋采用金属波纹管浆锚搭接连接，拼缝采用灌浆料填实；

（4）边缘构件竖向钢筋采用套筒灌浆连接，非边缘构件部分结合预留后浇区搭接连接。

钢筋套筒灌浆连接技术成熟，但由于其成本相对较高且对施工要求高，因此目前工程中常采用竖向分布钢筋等效连接技术，例如螺旋掘筋约束浆锚搭接连接技术、金属波纹管浆锚搭接连接技术等。值得注意的是直接承受动力荷载构件的纵向钢筋不应采用浆锚搭接连接；对于结构重要部位，例如抗震等级为一级的剪力墙以及抗震等级为二、三级底部加强部位的剪力墙，剪力墙的边缘构件不宜采用浆锚搭接连接；直径大于 18 mm 的纵向钢筋不宜采用浆锚搭接连接。

约束浆锚搭接连接是在竖向构件下段范围内预留出竖向孔洞，下部预留钢筋插入预留孔道后在孔道内注入微膨胀高强灌浆料而成的连接方式。构件制作时通过在墙板内插入预埋专用螺旋棒，待混凝土初凝后旋转取出，使预留孔道内侧留有螺纹状粗糙面，并在孔道周围设置附加横向约束螺旋箍筋，形成构件竖向孔洞（图 2-34）。其中螺旋箍筋的保护层厚度不应小于 15 mm，螺旋箍筋之间净距不宜小于 25 mm，螺旋箍筋下端距预制混凝土底面之间净距不宜大于 25 mm，且螺旋箍筋开始与结束位置应有水平段，长度不小于一圈半。

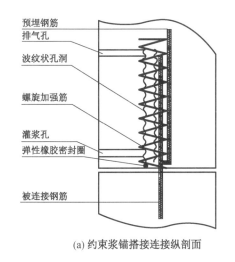

(a) 约束浆锚搭接连接纵剖面   (b) 约束浆锚搭接连接构件

图 2-34 约束浆锚搭接连接

由于螺旋箍的存在，约束浆锚搭接连接有效降低了钢筋的搭接长度，且连接部位钢筋强度没有增加，不会影响塑性铰。缺点是由于预埋螺旋棒必须在混凝土初凝后取出，其取出时间及操作难以掌控，构件的成孔质量难以保证，若孔壁出现局部混凝土损伤，将对连接的质量造成影响。

金属波纹管浆锚搭接连接是在混凝土墙板内预留金属波纹管，下部预留钢筋插入金属波纹管后在孔道内注入微膨胀高强灌浆料形成的连接方式（图 2-35）。金属波纹管混凝土保护层厚度一般不小于 50 mm，预埋金属波纹管的直线段长度应大于浆锚钢筋长度 30 mm，预埋金属波纹管的内径应大于浆锚钢筋直径不少于 15 mm。

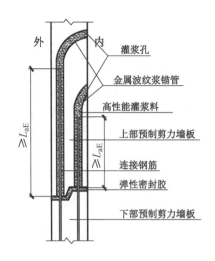

（a）金属波纹管浆锚搭接连纵剖面　　　（b）金属波纹管搭接连接构件

图 2-35　金属波纹管浆锚搭接连接

2.2.2　装配式混凝土剪力墙结构的构件拆分

装配式混凝土剪力墙结构与装配式混凝土框架结构的构件拆分有许多相同之处，本小节重点分析剪力墙构件的拆分方式。剪力墙构件主要采用边缘构件现浇、非边缘构件预制的方式。采用这种拆分方式时，边缘构件内纵向钢筋连接可靠，剪力墙结构的整体抗震性能可以得到保证。

1）对建筑平面的要求

为配合装配式混凝土剪力墙结构的构件拆分，建筑设计需做到平面简单、规则、对称，质量、刚度分布均匀，长宽比、高宽比、局部突出或凹入部分的尺度均不宜过大，尽量避免出现短小墙体。南北侧墙体、东西山墙应尽可能采用一字形墙体，北侧楼梯间及电梯间、局部凹凸处采用现浇墙体。户型设计时宜做突出墙面设计，不宜将阳台、厨房、卫生间等凹入主体结构范围内（表 2-3）。

表 2-3　平面尺寸限值

装配整体式剪力墙结构	非抗震地区	抗震设防烈度		
		6 度	7 度	8 度
长宽比	≤6.0	≤6.0	≤6.0	≤5.0
高宽比	≤6.0	≤6.0	≤6.0	≤5.0

对于平面不规则、凹凸感较强的建筑，剪力墙易出现较难拆分的转角短墙，即使勉强进行短墙拆分，也将降低装配式建筑的施工效率。因此应尽量避免平面不规则、凹凸感较强的建筑布置形式。

2）对结构布置的要求

装配式混凝土剪力墙结构的布置应规则、连续，避免层间侧向刚度突变。在厨房、卫生间等开关插座、管线集中的地方应尽量布置填充墙，以利于管线施工。若管线不能避开混凝土墙体，宜将管线布置在混凝土墙体现浇部位，并避开墙体的边缘构件位置。

剪力墙门窗洞口宜上下对齐、成列布置，形成明确的墙肢和连梁。预制混凝土剪力墙拆分时考虑到带洞口单体构件的整体性，避免出现悬臂窗上梁或窗下墙，预制混凝土剪力墙宜按剪力墙洞口居中布置的原则拆分剪力墙，且洞口两侧的墙肢宽度不应小于200 mm，洞口上方连梁高度不宜小于 250 mm。

3）对构件拆分的要求

预制混凝土剪力墙拆分的尺寸需要根据实际情况对生产、运输、吊装成本权衡考虑。剪力墙整体预制可以提高生产与组装效率，但是大构件的运输以及塔吊的选型会增加额外的成本；同样，拆分为多块小构件时，对运输以及塔吊型号选择上的要求有所降低，但会增加生产费用、增加构件间的连接处理工作、降低组装效率。

从工程实践来看，预制混凝土剪力墙宜拆分为一字形构件（图 2-36），以利于简化模具，降低制作成本，保证构件质量。单个剪力墙重量宜控制在 5 t 以内，即预制长度不超过 4 m，以便于构件的生产、运输与安装。剪力墙拆分时应考虑塔吊的位置，避免较重构件出现在塔吊最大回转半径处。

图 2-36　一字形墙板

2.2.3　装配式混凝土剪力墙结构的设计要点

装配式混凝土剪力墙结构的设计要点主要包括预制剪力墙、预制剪力墙的连接以及预制剪力墙与连梁的连接等。

1）预制剪力墙

（1）预制剪力墙截面厚度不小于 140 mm 时，应配置双排双向分布钢筋网，剪力墙水平及竖向分布筋的最小配筋率不应小于 0.15%。

（2）预制剪力墙的连梁不宜开洞。当需要开洞时，洞口宜预埋套管，洞口上下截面的有效高度不应小于梁高的 1/3,且不宜小于 200 mm;被洞口削弱的连梁截面应进行承载力验算,洞口处应配置补强纵向钢筋和箍筋,补强纵向钢筋的直径不应小于 12 mm。

(3)预制剪力墙开有边长小于 800 mm 的洞口且在结构整体计算中不考虑其影响时,应沿洞口周边配置补强钢筋。补强钢筋的直径不应小于 12 mm,截面面积不应小于同方向被洞口截断的钢筋面积。该钢筋自孔洞边角算起伸入墙内的长度,非抗震设计时不应小于 l_a,抗震设计时不应小于 l_{aE}。

(4)预制剪力墙的顶部和底部与后浇混凝土的结合面应设置粗糙面;侧面与后浇混凝土的结合面应优先做成粗糙面,也可设置键槽。键槽深度不宜小于 20 mm,宽度不宜小于深度的 3 倍且不宜大于深度的 10 倍,键槽可贯通截面,当不贯通时,槽口距离截面边缘不宜小于 20 mm。键槽间距宜等于键槽宽度,键槽端部斜面倾角不宜大于 30°(图 2-37、图 2-38)。结合面设置粗糙面时,粗糙面的面积不宜小于结合面的 80%,预制剪力墙端的底面、顶面及侧面粗糙面凹凸深度不应小于 6 mm。

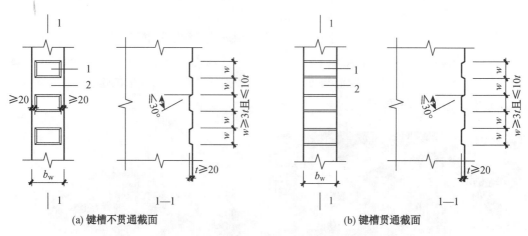

(a) 键槽不贯通截面　　　　　　　(b) 键槽贯通截面

图 2-37　预制剪力墙侧面键槽构造

1—键槽;2—侧面

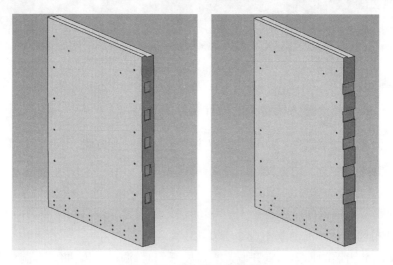

图 2-38　预制剪力墙键槽

（5）当采用套筒灌浆连接时，自套筒底部至套筒顶部并向上延伸 300 mm 范围内，预制剪力墙的水平分布筋应加密（图 2-39），加密区水平分布筋的最大间距及最小直径应符合表 2-4 的规定，套筒上端第一道水平分布钢筋距离套筒顶部不应大于 50 mm。

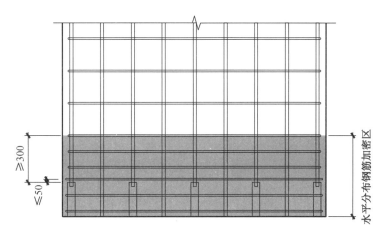

图 2-39   剪力墙箍筋加密要求

表 2-4   加密区水平分布钢筋的要求

抗震等级	最大间距(mm)	最小直径(mm)
一、二级	100	8
三、四级	150	8

（6）对预制剪力墙边缘配筋应适当加强，形成边框，保证墙板在形成整体结构之前的刚度、延性及承载力。对端部无边缘构件的预制剪力墙，宜在端部配置 2 根直径不小于 12 mm 的竖向构造钢筋，沿该钢筋竖向应配置拉筋，拉筋直径不宜小于 6 mm、间距不宜大于 250 mm。

（7）当外墙采用预制夹心墙板时，外叶墙板的厚度不应小于 50 mm，夹层的厚度不宜大于 120 mm，且外叶墙板应与内叶墙板有可靠连接（图 2-40）。预制夹心外墙板作为承重墙板时，一般外叶墙板仅作为荷载，通过拉结件作用在内叶墙板上，内叶墙板按剪力墙进行设计。

内外叶墙板拉结件的性能十分重要，涉及建筑的安全和正常使用，必须满足安全性、稳定性、耐久性、热共性等要求。具体来说需具备以下性能：①在内叶板和外叶板中锚固牢固，在荷载作用下不被拉出；②有足够的强度，在荷载作用下不能被拉断、剪断；③有足够的刚度，在荷载作用下不能变形过大，导致外叶板位移；④导热系数小，热桥小；⑥具有耐久性、防腐蚀性及防火性能；⑦埋设方便。

常用拉结件有哈芬的金属拉结件及 FRP 墙体拉结件（图 2-41、图 2-42、图 2-43）。哈芬的金属拉结件采用不锈钢材质，包括不锈钢杆、不锈钢板及不锈钢圆筒，其在力学性

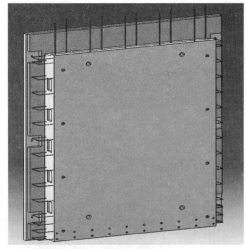

图 2-40　预制夹心墙板

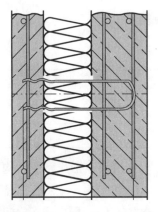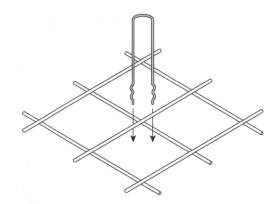

图 2-41　哈芬墙板限位拉结件

能、耐久性和安全性方面有优势,但导热系数比较高,价格比较贵。FRP 墙体拉结件由 FRP 拉结板(杆)和 ABS 定位套环组成,其中 FRP 拉结板(杆)为拉结件的主要受力部分, ABS 定位套环主要用于拉结件施工定位,其长度一般与保温层厚度相同,采用热塑工艺 成型。

2)预制剪力墙的连接

(1)上下层预制剪力墙的连接

上下层预制剪力墙的竖向钢筋,当采用套筒灌浆连接和浆锚搭接连接时,边缘构件竖 向钢筋应逐根连接。预制剪力墙的竖向分布钢筋,当仅部分连接时,被连接的同侧钢筋间 距不应大于 600 mm,且在剪力墙构件承载力设计和分布钢筋配筋率计算中不得计入不 连接的分布钢筋,不连接的竖向分布钢筋直径不应小于 6 mm(图 2-44、图 2-45、 图 2-46)。

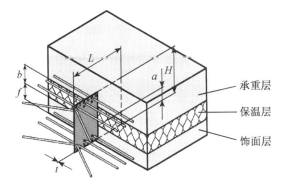

承重层

保温层

饰面层

图 2-42　哈芬墙板支承拉结件

图 2-43　FRP 墙体拉结件

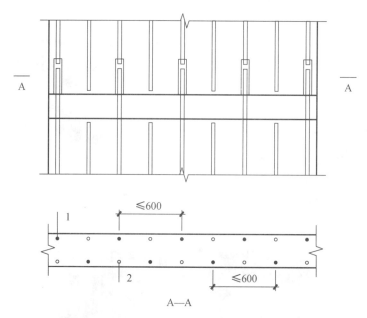

图 2-44　预制剪力墙竖向分布钢筋连接构造示意

1—连接的竖向分布钢筋；2—不连接的竖向分布钢筋

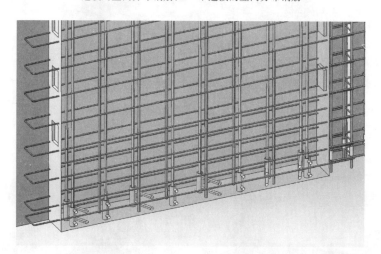

图 2-45　预制剪力墙竖向分布钢筋连接套筒

图 2-46　预制剪力墙竖向分布钢筋连接

　　为保证结构的延性,在对结构抗震性能要求比较高的部位,如抗震等级为一级的剪力墙以及抗震等级为二、三级底部加强区剪力墙,且边缘构件中竖向钢筋直径较大处宜采用套筒灌浆连接,不宜采用约束浆锚搭接连接。

　　(2)同楼层预制剪力墙之间的连接

　　同楼层预制剪力墙之间应采用整体式连接节点,一般可分为 T 形连接节点、L 形连接节点和一字形连接节点,详见图 2-47 所示:

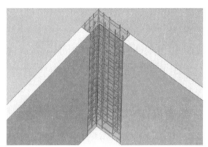

(a) T形连接节点　　　　　　　　　　　　　　(b) L形连接节点

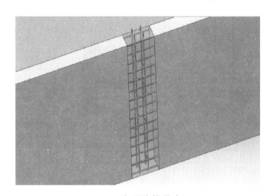

(c) 一字形连接节点

(d) 现场一字形连接节点　　　　　　　　　　(e) 现场L形连接节点

图 2-47　同楼层预制剪力墙的连接

确定预制剪力墙竖向接缝位置的主要原则是便于标准化生产、吊装、运输和就位,并尽量避免接缝对结构整体性能产生不良影响。预制剪力墙竖向接缝位置有三种:接缝位于纵横墙交接处的约束边缘构件区域、接缝位于纵横墙交接处的构造边缘构件区域、接缝位于非边缘构件区域。下面将详述各种接缝位置的预制剪力墙连接。

① 接缝位于纵横墙交接处的约束边缘构件区域

当接缝位于纵横墙交接处的约束边缘构件区域时,约束边缘构件的阴影区域宜全部采用后浇混凝土,并应在后浇段内设置封闭箍筋及拉筋,预制墙板中的水平分布筋在后浇段内锚固(图 2-48、图 2-49)。

② 接缝位于纵横墙交接处的构造边缘构件区域

当接缝位于纵横墙交接处的构造边缘构件区域时,构造边缘构件宜全部采用后浇混凝土(图 2-50)。若构造边缘构件部分后浇部分预制,需合理布置预制构件及后浇段中的钢筋,使边缘构件内形成封闭箍筋。当仅在一面墙上设置后浇段时,后浇段的长度不宜小于 300 mm(图 2-51、图 2-52)。

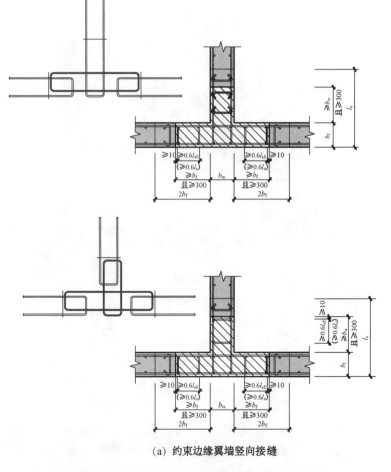

(a) 约束边缘翼墙竖向接缝

图 2-48-1　约束边缘构件阴影区域全部后浇构造示意(a)

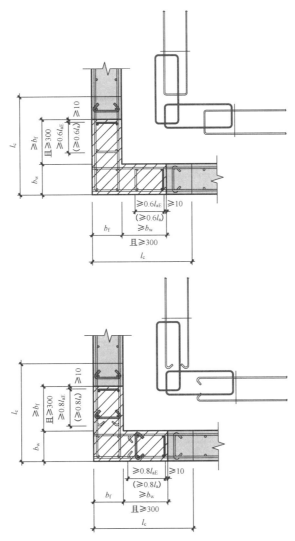

（b）约束边缘转角墙竖向接缝

图 2-48-2　约束边缘构件阴影区域全部后浇构造示意（b）

l_c—约束边缘构件沿墙肢的长度；b_f、b_w—剪力墙的厚度

(a) 约束边缘翼墙竖向接缝

(b) 约束边缘转角墙竖向接缝

图 2-49　约束边缘构件连接

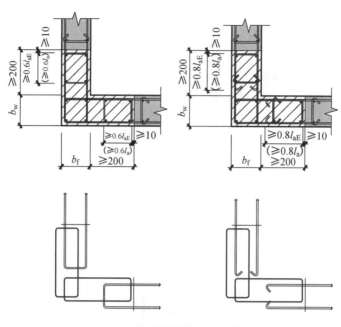

（a）构造边缘转角墙竖向接缝

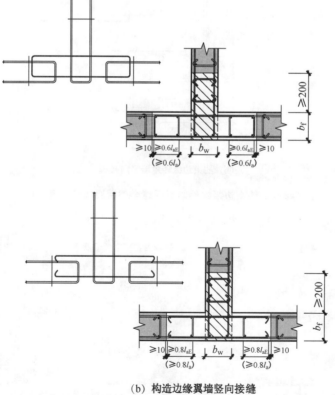

（b）构造边缘翼墙竖向接缝

图 2-50　构造边缘构件全部后浇示意

（阴影区位构造边缘构件范围）

b_f、b_w —剪力墙的厚度

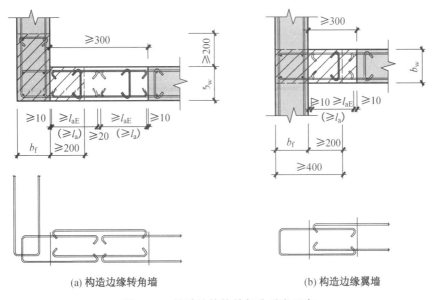

(a) 构造边缘转角墙　　　　　　　　(b) 构造边缘翼墙

图 2-51　构造边缘构件部分后浇示意

（阴影区位构造边缘构件范围）

图 2-52　构造边缘构件部分预制部分后浇

③ 接缝位于非边缘构件区域

当接缝位于非边缘构件区域时,相邻预制剪力墙之间应设置后浇段,后浇段的宽度不应小于墙厚且不宜小于 200 mm;后浇段内应设置不少于 4 根竖向钢筋,钢筋直径不应小于墙体竖向分布筋直径且不应小于 8 mm(图 2-53、图 2-54)。两侧墙体的水平分布筋在后浇段内可采用锚环的形式锚固,两侧伸出的锚环宜相互搭接。

3) 预制剪力墙与连梁的连接

连梁采用预制叠合梁时,预制剪力墙与连梁的连接形式分为以下两种情况:

(1) 当预制剪力墙边缘构件采用后浇混凝土时,接缝处连梁纵向钢筋应在后浇段中可靠锚固或连接。其中,顶层和中间层的预制连梁腰筋与预制墙体水平分布筋搭接、预制连梁底筋锚固详见图 2-55 和图 2-56 所示:

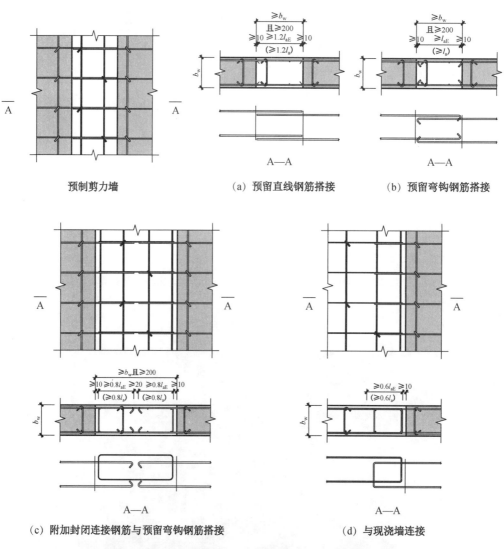

预制剪力墙　　　　　　（a）预留直线钢筋搭接　　　　　（b）预留弯钩钢筋搭接

（c）附加封闭连接钢筋与预留弯钩钢筋搭接　　　　　（d）与现浇墙连接

图 2-53　预制剪力墙非边缘构件部分竖向接缝示意

图 2-54　预制剪力墙非边缘构件部分竖向接缝

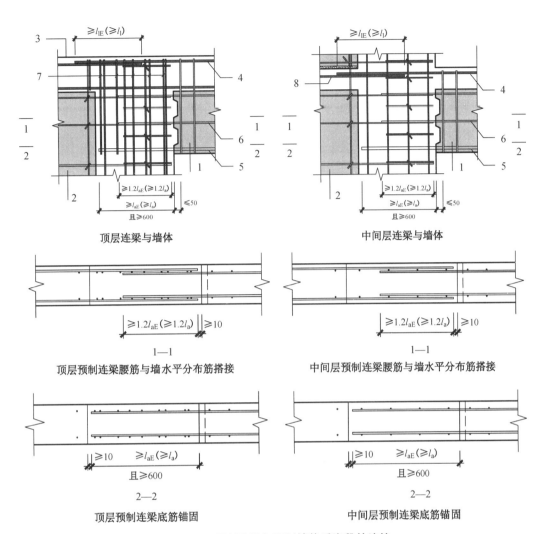

顶层连梁与墙体

中间层连梁与墙体

1—1

顶层预制连梁腰筋与墙水平分布筋搭接

1—1

中间层预制连梁腰筋与墙水平分布筋搭接

2—2

顶层预制连梁底筋锚固

2—2

中间层预制连梁底筋锚固

图 2-55 预制连梁与预制墙体后浇段的连接

1—预制连梁；2—预制剪力墙；3—后浇圈梁；4—预制连梁上部纵向钢筋；5—预制连梁下部纵向钢筋；
6—预制连梁腰筋；7—支座范围内连梁箍筋；8—水平后浇带或后浇圈梁纵向钢筋

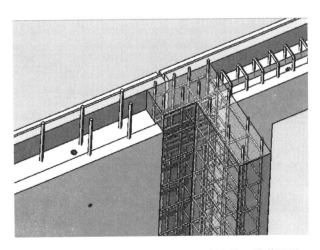

图 2-56 预制连梁与预制墙体后浇段连接三维装配图

（2）当预制剪力墙端部上角预留局部后浇节点区时，连梁的纵向钢筋应在局部后浇节点区内可靠锚固或连接。其中，顶层和中间层的预制连梁腰筋与预制缺口墙体水平分布筋搭接、预制连梁底筋锚固详见图2-57所示：

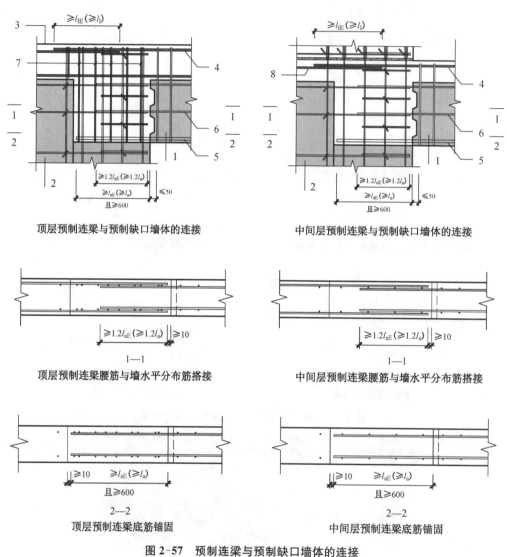

顶层预制连梁与预制缺口墙体的连接　　　　　中间层预制连梁与预制缺口墙体的连接

顶层预制连梁腰筋与墙水平分布筋搭接　　　　中间层预制连梁腰筋与墙水平分布筋搭接

顶层预制连梁底筋锚固　　　　　　　　　　中间层预制连梁底筋锚固

图 2-57　预制连梁与预制缺口墙体的连接

1—预制连梁；2—预制剪力墙；3—后浇圈梁；4—预制连梁上部纵向钢筋；5—预制连梁下部纵向钢筋；
6—预制连梁腰筋；7—支座范围内连梁箍筋；8—水平后浇带或后浇圈梁纵向钢筋

连梁采用后浇连梁时，预制剪力墙端宜伸出预留纵向钢筋，并与后浇连梁的纵向钢筋可靠连接，顶层和中间层的连接详见图2-58所示：

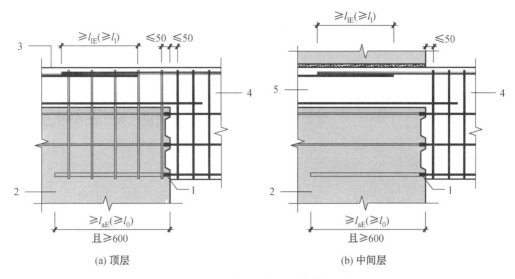

(a) 顶层　　　　　　　　　　　(b) 中间层

图 2-58　后浇连梁与预制墙体的连接

1—Ⅰ级接头机械连接；2—预制剪力墙；3—后浇圈梁；4—后浇连梁；5—水平后浇带或后浇圈梁

第**3**章

装配式混凝土框架结构实例

3.1 南京上坊某保障性住房项目

3.1.1 工程概况

本项目为保障性廉租住房,位于南京市江宁区。整栋建筑总建筑面积为 1 万 m^2,其中地下建筑面积约 600 m^2,地上建筑面积约 9 700 m^2。项目建筑高度为 45 m。地下一层为自行车库,地上共 15 层,底层为架空层,2 层至 15 层为廉租房,共计 196 套。

本项目 PC 结构于 2012 年 10 月封顶,二次结构于 2012 年 12 月全部完成,2012 年 12 月通过主体结构验收,2013 年 7 月正式完成整个项目并交付使用。

1) 工业化应用指标

本项目的柱、梁、楼板、外墙、阳台、楼梯等均采用预制构件,采用精装修并应用整体卫浴,实现了无外模板、无脚手架、无砌筑、无抹灰的绿色施工目标,达到了绿色三星的要求。项目标准层预制率为 65.44%,整体装配率为 81.31%。其他装配式建筑技术配置详见表 3-1 所示:

表 3-1 装配式建筑技术配置分项表

阶段	技术配置选项	备注	项目实施情况
标准化设计	标准化模块,多样化设计	标准户型模块,内装可变;核心筒模块;标准化厨卫设计	✓
	模数协调		✓
工厂化生产/装配式施工	预制外墙	蒸压轻质加气混凝土板材(NALC 板)	✓
	预制内墙	蒸压轻质加气混凝土板材(NALC 板)	✓
	预制叠合楼板		✓
	预制叠合阳台		✓
	预制楼梯		✓
	楼面免找平施工		✓
	无外架施工		✓

续表 3-1

阶段	技术配置选项	备注	项目实施情况
体化装修	整体卫生间		✓
	厨房成品橱柜		✓
信息化管理	BIM 策划及应用		✓
绿色建筑	绿色星级标准		绿色三星

2）预制构件拆分

本项目遵循重复率高和模数协调的原则选取预制构件。在方案阶段，综合考虑预制构件的大小和种类，选择采用预制柱、预制梁、预制楼板、预制楼梯、预制阳台。其中，预制梁柱的框架结构易于施工，且对提高预制率有较大作用，在设计时需注意减少构件的尺寸类型；预制楼板，制作简单且成本增量低；预制楼梯，尽量设计为相同的楼梯，而不是镜像关系的楼梯；预制阳台，制作简单复制率高。

在设计阶段分析比较了预制构件的吊装、运输条件和成本，结果表明构件为 4 t 以内时运输、吊装相对顺利，运输、施工（塔吊）的成本也会降低。因此，本项目构件重量控制在 4 t 以下。预制楼板的宽度以运输和生产场地为主要考虑因素，大部分控制在 3 m 以内。

3.1.2 结构设计及分析

1）体系选择及结构布置

本项目在国家标准《预制预应力混凝土装配整体式框架结构技术规程》（JGJ 224—2010）的基础上，对预制装配体系进行了创新，采用了全新的装配整体式框架-钢支撑结构体系。该体系的采用提高了结构的整体抗震性能，同时提高了建筑的预制装配率，使其成为目前国内框架结构中预制率最高的工程，同时施工也更便捷。

本项目标准层平面图、结构布置示意图与实景图如图 3-1 至图 3-3 所示：

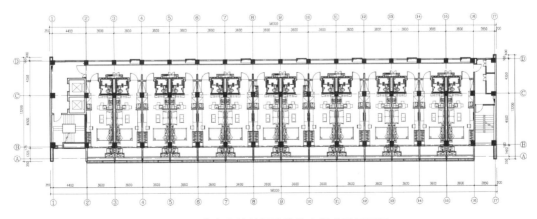

图 3-1　南京上坊某保障性住房标准层平面图

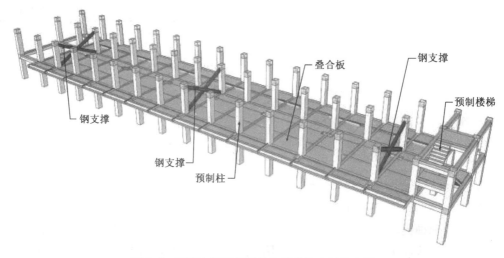

图 3-2　南京上坊某保障性住房结构布置示意图

图 3-3　南京上坊某保障性住房实景图

2) 结构分析及指标控制

本项目抗震设防烈度为 7 度(第一组)0.10g,建筑高度为 45 m,达到《预制预应力混凝土装配整体式框架结构技术规程》(JGJ 224—2010)规定的预制框架结构最大高度,结构设计初期阶段通过对框架结构、框架-剪力墙结构、框架-钢支撑结构等三种结构体系分别计算比较,具体计算结果见表 3-2 至表 3-4 所示。

从表 3-2 可以看出,框架结构的第二周期扭转较明显,需要增加抗扭刚度。采用框架-剪力墙结构、框架-钢支撑结构后,第一阶、第二阶振型均为平动,位移及位移比都在规则结构要求的范围内,各项计算参数均满足设计要求,说明增加剪力墙或钢支撑后结构的扭

表 3-2   振型及周期

振型	周期(s)			平动系数($x+y$)		
	框架结构	框架-剪力墙	框架-钢支撑	框架结构	框架-剪力墙	框架-钢支撑
1	1.828 4	1.500 8	1.577 0	0.00+1.00	1.00+0.00	1.00+0.00
2	1.569 2	1.468 5	1.480 0	0.65+0.00	0.00+1.00	0.00+0.98
3	1.542 7	1.281 1	1.311 2	0.00+0.25	0.00+0.02	0.00+0.02

表 3-3   地震作用下位移角和位移比

方向	位移角			位移比		
	框架结构	框架-剪力墙	框架-钢支撑	框架结构	框架-剪力墙	框架-钢支撑
X	1/1 350	1/1 256	1/1 335	1.06	1.05	1.06
Y	1/969	1/1 197	1/1 267	1.25	1.18	1.18

表 3-4   风荷载作用下位移角和位移比

方向	位移角			位移比		
	框架结构	框架-剪力墙	框架-钢支撑	框架结构	框架-剪力墙	框架-钢支撑
X	1/9 999	1/9 999	1/9 999	1.11	1.11	1.12
Y	1/2 024	1/3 289	1/3 359	1.15	1.05	1.06

转得到了很好的控制。

在三种结构体系中,框架-剪力墙结构的刚度最大,地震力最大。根据《预制预应力混凝土装配整体式框架结构技术规程》(JGJ 224—2010)的要求,框架-剪力墙结构中的剪力墙部分必须现浇,这样不仅增加了现场施工中的湿作业量,同时也增加了工程的施工周期,不符合该项目作为试点示范项目的要求。因此,框架-剪力墙结构体系不是合适的选择。

而将剪力墙用钢支撑代替的框架-钢支撑结构体系,各指标符合规范的要求。计算结果表明,增设钢支撑后,有效提高了结构的抗侧性能及整体抗震能力。更为重要的是,钢支撑代替现浇剪力墙减少了现场湿作业,提高了预制装配率。本项目最终采用了框架-钢支撑结构体系。本项目提出的全装配整体式框架钢支撑结构体系已经获得国家实用新型专利(图 3-4)。

图 3-4   现场钢支撑

3.1.3 主要构件及节点设计

本项目主要构件采用了预制混凝土柱、预制混凝土叠合梁、预制预应力混凝土叠合板,主要连接节点包括预制柱的连接、预制梁柱的连接、预应力叠合板的连接等。

1) 预制混凝土柱

本项目的柱主要截面有(mm×mm)600×550,600×500,550×550,550×500 等 4 种类型。经过研究并学习国内外先进的预制装配技术,将混凝土柱按楼层拆分为单节柱,单节柱长度 2 880 mm,重量约 1.8～2.0 t(图 3-5)。混凝土柱采用这种拆分方式,符合了预制构件的标准化要求,连接节点较少,施工时容易保证柱的垂直度和施工累计误差,方便了工厂制作,运输和吊装也简单、易行。

图 3-5 预制混凝土柱

2) 预制混凝土叠合梁

本项目的主、次梁均采用预制混凝土叠合梁,梁截面主要采用(mm×mm×mm)300×560×140,300×310×140,300×260×140,其中叠合层厚度 140 mm。

3) 预制预应力混凝土叠合板

本项目的全部楼板采用预制预应力混凝土叠合板。

传统的现浇楼板存在现场施工量大、湿作业多、材料浪费多、施工垃圾多、楼板容易出现裂缝等问题。预应力混凝土叠合板采取部分预制、部分现浇的方式,其中的预制板在工厂内预先生产,现场仅需安装,不需模板,施工现场钢筋及混凝土工程量较少,板底不需粉刷,预应力技术的采用使得楼板结构含钢量减少,支撑系统脚手架工程量为现浇板的 31% 左右,现场钢筋工程量为现浇板的 30% 左右,现场混凝土浇筑量为现浇板的 57% 左右。

本项目设计中叠合楼板板厚 140 mm,其中预制板厚 60 mm,叠合层 80 mm(图 3-6)。

图 3-6　预制预应力混凝土叠合板

4）预制柱的连接

本项目预制柱采用套筒灌浆的连接方式。与传统预制构件浆锚搭接连接方式相比，套筒灌浆的连接方式具有连接长度大大减少、构件吊装就位方便的优势。灌浆料是流动性能很好的高强度材料，在压力作用下可以保证灌浆的密实性，大量试验数据也已证实套筒灌浆连接方式可以达到钢筋等强连接的效果。

预制柱内套筒钢筋的连接长度仅仅为 $8d$（d 为钢筋直径），现场预制柱吊装后采用专用的灌浆料压力灌注，灌浆料的 28 天强度需大于 85 MPa，24 小时竖向膨胀率在 0.05％～0.5％之间。《装配式混凝土结构技术规程》(JGJ 1—2014)中将套筒灌浆连接定为首选连接方式(图 3-7)。

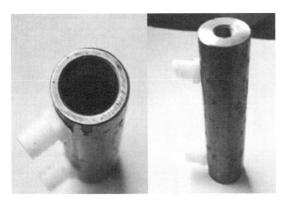

图 3-7　直螺纹灌浆套筒

5）预制梁柱的连接

本项目预制梁柱的连接采用了键槽后浇筑技术。

叠合梁在构件厂生产时梁端部预制键槽，键槽净空尺寸：200 mm（宽）×210 mm（高）×500 m（长），键槽壁厚 50 mm。键槽钢筋绑扎时，为确保钢筋位置的准确，键槽预留"U"形开口箍，待梁柱钢筋绑扎完成，在键槽上安装"∩"形开口箍与原预留"U"形开口箍双面焊

接 $5d$。梁柱支座节点钢筋连接采用端锚新技术,解决了钢筋锚固施工困难的问题,同时解决单节柱与柱接头钢筋连接、绑扎的施工难题,采用端锚新工艺,可减少成本一半,提高功效一倍(图 3-8)。

预制键槽　　　梁柱节点采用键槽连接

图 3-8　预制梁柱连接

6) 预应力叠合板的连接

本项目采用预应力叠合板。由于施工工艺的特点,预制预应力底板均为单向板,分支承边与非支承边,仅支承边留有与其他构件连接的钢筋,而非支承边则无预留连接钢筋。而本项目的楼板大多数是双向板,采用预制预应力底板时出现以下问题:

(1) 楼板与竖向构件的连接在非支承边仅有一半的楼板厚度,使楼板水平力的传递受到影响。

(2) 楼板下部存在几条拼缝,使楼板的刚度受到影响,楼板的整体性削弱,与结构分析采用的计算模型有误差。

为解决以上问题,本项目在预制预应力底板的非支承边,利用预制预应力底板内的分布筋外伸作为连接钢筋,实现了非支承边与竖向构件的可靠连接以及单向板非支承边的相互可靠连接(图 3-9)。

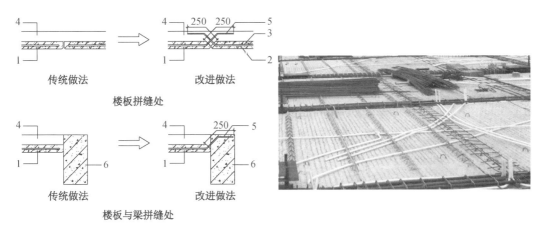

图 3-9 预应力叠合板非支承边连接

1—预应力混凝土叠合板；2—预应力钢筋；3—分布筋；4—现浇叠合层；5—分布筋拼缝处弯起；6—楼面梁

3.1.4 相关构件及节点施工现场照片

下面主要介绍预制混凝土柱安装、预制混凝土柱连接、预制混凝土梁安装、预制预应力混凝土板安装、叠合梁板混凝土浇筑等现场施工情况。

1) 预制混凝土柱安装

预制混凝土柱现场安装包括进场、放线、吊具安装、起吊、引导筋对位、水平调整和校正、斜支撑固定、摘钩等，详见图 3-10 所示：

图 3-10-1 预制混凝土柱的现场安装(一)

斜支撑固定　　　　　　　　　　摘钩

图 3-10-2　预制混凝土柱的现场安装（二）

2）预制混凝土柱连接

预制混凝土柱采用钢套筒连接的施工流程为：工厂钢筋笼的制作→柱基础面准备→注浆前柱脚封边→灌浆料配置→机具准备→注浆施工，详见图 3-11 所示：

工厂制作钢筋笼　　　　　检测板制作与安装　　　　　　基层清理

钢筋表面浮浆清理　　　　预制混凝土柱就位　　　　　　柱脚封边

灌浆料配制　　　　　　　　注浆施工

图 3-11　预制混凝土柱连接

3）预制混凝土梁安装

现场预制混凝土梁安装主要包括进场、搭设梁底支撑、拉设安全绳、微调定位等，见图 3-12 所示：

进场　　　　　　　　　　搭设梁底支撑

拉设安全绳　　　　　预制混凝土梁就位与微调定位

图 3-12　预制混凝土梁安装

4）预制预应力混凝土板安装

现场预制混凝土板安装包括进场、放线、搭设板底支撑、吊装、就位、微调定位等，见图 3-13 所示：

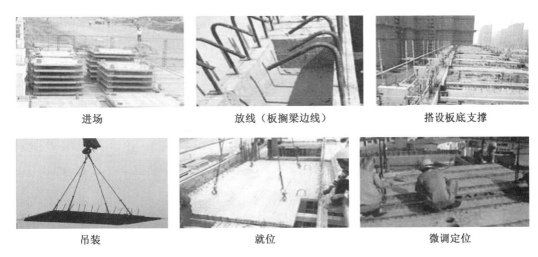

进场　　　　　放线（板搁梁边线）　　　　搭设板底支撑

吊装　　　　　　　就位　　　　　　　微调定位

图 3-13　预制混凝土板安装

5）叠合梁板混凝土浇筑

叠合梁板钢筋混凝土浇筑的施工流程为：预制梁板吊装→键槽钢筋的绑扎→梁面筋绑扎→模板支设→键槽混凝土的浇筑→水电管线的铺设→板面筋绑扎→叠合梁板混凝土的浇筑。其中，叠合梁板混凝土的浇筑见图 3-14 所示：

图 3-14　叠合梁板混凝土浇筑

3.1.5　围护及部品件的设计

1）围护墙体

本项目内外填充墙采用蒸压轻质加气混凝土隔墙板（NALC），板材在工厂生产，现场拼装，取消了现场砌筑和抹灰工序。

NALC 板自重轻（容重为 500 kg/m³），对结构整体刚度影响较小；强度较高，立方体抗压强度≥4 MPa，单点吊挂力≥1 200 N，能够满足各种使用条件下对板材抗弯、抗裂及节点强度要求，是一种轻质高强围护结构材料。NALC 板具有良好的保温[λ＝0.13 W/(m·K)]、隔音和防火性能。NALC 板材生产工业化、标准化，可锯、切、刨、钻，施工干作业，加工便捷，其施工效率是传统砖砌体的 4～5 倍，材料无放射性，无有害气体逸出，是一种适宜推广的绿色环保材料（图 3-15、图 3-16）。

外墙板

内墙板

图 3-15　加气混凝土自保温墙板

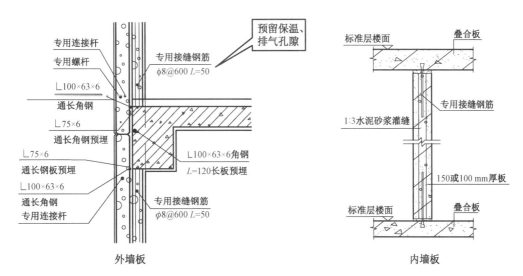

图 3-16　加气混凝土墙板连接节点

　　本项目南北外墙采用 150 mm 厚 ALC 自保温板,东西山墙采用外墙板 100 mm 厚内墙板与 75 mm 厚的组合拼装外墙;内分户隔墙采用 150 mm 厚的 ALC 板,其余内隔墙采用 100 mm 厚的 ALC 板。建筑节能率达到 65％。

　　2）阳台及楼梯

　　预制叠合阳台板是预制装配式住宅经常采用的构件。阳台板上部的受力钢筋设在叠合板的现浇层,并伸入主体结构叠合楼板的现浇层锚固,达到承受阳台荷载,连接主体结构的功能。一般的预制叠合阳台板大多仅有上层钢筋与主体相连,存在着支座处刚度与结构设计分析有差距、整体性较差、外挑长度大时在竖向地震力作用下有安全隐患等问题。现阶段部分预制叠合板式阳台是通过采用下部钢筋预留,插入主体结构梁钢筋骨架的方式来解决预制叠合阳台板与主体的连接问题,但预留板下部筋在构件的制作、运输、安装、吊装就位等程序上增大了操作难度,施工误差大且机械利用效率低。

　　本工程在预制叠合阳台板现浇层底部加设了与主体梁的连接钢筋,解决了上述问题(图 3-17)。

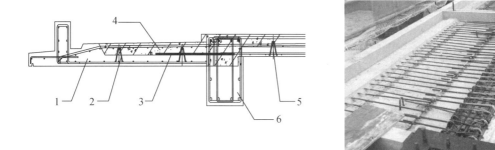

图 3-17　本工程预制叠合阳台板板底附加拉筋示意

1—预制阳台板;2—阳台板中钢筋桁架;3—阳台板底部附加与主体梁的拉结筋;
4—阳台现浇叠合层;5—预应力板中的桁架筋;6—预制框架梁

本项目2层至15层楼梯梯段采用预制混凝土梯板,梯板与主体结构间连接节点采用叠合的方式或直接预留钢筋,待梯板吊装就位后再进行节点现浇。预制混凝土楼梯的进场、吊装、就位、微调等安装过程见图3-18所示:

进场　　　　　　　　　　　　　　吊装

安装就位　　　　　　　　　　　　微调定位

图3-18　预制混凝土楼梯安装

3)厨房和卫生间

本项目在方案阶段进行装修与土建一体化设计,通过优化卫生间设计,首次在江苏省保障性住房中卫生间采用整体卫浴间,厨房采用成品橱柜,最大限度减少现场湿作业,避免传统卫生间渗漏问题,消除质量通病。

设计单位进行了传统卫生间与整体卫浴间施工技术经济成本比较,最终采用整体卫浴间,提高了整个建筑的工业化、工厂化水平。

产品采用整体卫浴,全部构件在工厂预制生产,现场拼装完成。其最大的特点就是摒弃水泥+瓷砖的湿作业,采用FRP/SMC航空树脂作为原材料,底盘、墙板等主要部件均为大工厂作业成型。产品具备独立的框架结构及配套的功能性,一套成型的产品既是一个独立的功能单元,也可以根据使用需要装配在任何环境中。整体卫浴间的底盘、墙板、天花板、洗面台等采用SMC复合材料制成,具有材质紧密、表面光洁、隔热保温、防老化及使用寿命长等优良特性。整体卫浴间中的卫浴设施均无死角结构而便于清洁。

本项目的整体卫浴间安装方便,避免了以往毛坯造成的二次装修浪费和垃圾污染。集成式卫生间合理的布局节约了使用空间,同时具有耐用、不渗漏、隔热节能、易于清洗的特点。

成品橱柜和整体卫浴间见图3-19所示:

成品橱柜

整体卫浴间

图 3-19　厨房和卫生间

3.1.6　工程总结及思考

本项目遵循"少规格、多组合"的设计理念,通过采用标准户型模块单元,将不规则的公共区域布置于建筑两端,实现了建筑的标准化设计。

本项目采用的全装配整体式混凝土框架-钢支撑结构体系是国内在住宅中的首次应用,是当时国内全预制装配结构高度最高、装配式技术集成度最高的住宅建筑。

在预制混凝土柱的拆分过程中,按《预制预应力混凝土装配整体式框架结构技术规程》(JGJ 224—2010)的相关规定,预制柱可以拆分为多节柱,但是通过对构件及节点的研究发现,预制柱拆分为多节柱时存在如下问题:①多节柱的脱膜、运输、吊装、支撑都比较困难;②多节柱吊装过程中钢筋连接部位易变形,从而构件的垂直度难以控制;③多节柱梁柱节点区钢筋绑扎困难以及混凝土浇筑密实性难以控制。经过研究比较,本项目采用单节柱,化繁为简,实现了构件的标准化,保证了柱的垂直度和施工累积误差符合规范要求,制作、运输、吊装也简单易行,保证了质量。

本项目为成品房交付,装修与建筑一体化设计,通过优化卫生间设计,首次在江苏省保障性住房中采用整体卫浴间和成品橱柜,避免了以往毛坯造成的二次装修浪费和垃圾污染。

本项目通过结构体系创新、装配式技术的整合创新,最大限度地提高了建造效率,降低了建筑成本,充分发挥了装配式建筑的优势,实现了无外脚手架、无现场砌筑、无抹灰的绿色施工工艺。

3.2　南通市某停车综合楼

3.2.1　工程概况

本项目为办公停车综合楼,位于南通市崇川区。本工程单体总建筑面积约 4.2 万 m²,其中业务用房建筑面积约 1.4 万 m²,汽车库建筑面积约 2.3 万 m²,其他建筑面积约 5 000 m²。地下两层汽车库,建筑面积约 7 000 m²。

1）工业化应用指标

本项目的柱、梁、楼板、外墙、内墙、花池、楼梯等均采用预制构件,采用精装修,实现了无外模板、无脚手架、无砌筑、无抹灰的绿色施工目标。项目预制率为56%,整体装配率为70%。其他装配式建筑技术配置见表3-5所示:

表3-5 装配式建筑技术配置分项表

阶段	技术配置选项	本工程实施情况
标准化设计	标准化模块,多样化设计	√
	模数协调	√
工厂化生产/装配式施工	预制外墙	√
	预制内墙	√
	预制梁	√
	预制柱	√
	叠合楼板	√
	预制女儿墙	√
	预制楼梯	√
	成品栏杆	√
	整体外墙装配	√
	无外架施工	√
	装配率	70%
	预制率	56%
一体化装修	内装集成体系	√
	工业化内装	√
信息化管理	BIM策划及应用	√
绿色建筑	绿色星级标准	绿色三星

2）预制构件拆分

本项目遵循重复率高和模数协调的原则选取预制构件。在方案阶段,对柱网尺寸进行优化,综合考虑预制构件的大小和种类,选择采用预制柱、预制梁、预制楼板、预制楼梯、预制花池。其中,预制梁柱的框架结构易于施工,且对提高预制率有较大作用,但在设计时需注意减少构件的尺寸类型;预制楼板,制作简单且成本增量低;预制楼梯,优化了楼梯间开间,将各疏散楼梯的开间尺寸统一成2 650 mm,减少楼梯构件数量,尽量设计为相同的楼梯,而不是镜像关系的楼梯;预制花池,制作简单复制率高。

在设计阶段分析比较了预制构件的吊装、运输条件和成本,结果表明单个构件质量越轻,运输、吊装就相对顺利,运输、施工(塔吊)的成本也会降低。由于本项目柱网尺寸较大,预制梁、柱等构件控制在 6 t 以下;考虑运输和生产场地等因素,大部分预制楼板宽度控制在 3 m 以内。

3.2.2　结构设计及分析

1) 体系选择及结构布置

本项目结构设计使用年限为 50 年,结构安全等级为二级,抗震设防类别为丙类。结构抗震设防烈度为 6 度,根据南通市政府《南通市建设工程抗震设防管理办法》通政发〔2009〕39 号文件:本工程抗震设防烈度取 7 度,设计地震分组为第二组,设计基本地震加速度值为 $0.05g$。本工程地基基础等级为甲级,建筑桩基设计等级为甲级。

本工程根据建筑的功能与高度的不同分为左、右两个部分,工程概况如表 3-6 所示:

表 3-6　工程概况

栋号	结构形式	层数(地下室＋主楼)	高度(m)	平面长度(m)	平面等效宽度(m)	高宽比
左侧部分	装配整体式框架	2＋8	31.15	41.0	32.4	0.96
右侧部分	装配整体式框架-现浇核心筒	2＋16	61.85	48.4	33.1	1.87

左侧部分结构高度较低,适合采用装配整体式框架结构;右侧部分结构高度较高,为增强结构的抗侧刚度同时保证建筑的使用功能,故采用装配整体式框架-现浇核心筒结构。两部分结构高宽比均较小,整体性与稳定性均较好。

本工程标准层平面图、效果图见图 3-20 和图 3-21 所示:

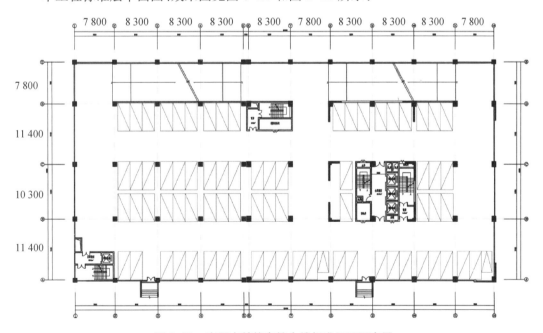

图 3-20　南通市某停车综合楼标准层平面布置

东南向

东北向

图 3-21　南通市某停车综合楼效果图

2) 结构分析及指标控制

结构计算结果如表 3-7~表 3-9 所示：

表 3-7　振型及周期

振型	周期(s)		平动系数($x+y$)	
	左侧框架	右侧框架-核心筒	左侧框架	右侧框架-核心筒
1	1.406 7	1.962 2	0.81+0.11	0.85+0.00
2	1.391 5	1.893 0	0.12+0.88	0.00+0.98
3	1.134 6	1.640 7	0.16+0.03	0.15+0.03

表 3-8　地震作用下位移角和位移比

方向	位移角		位移比	
	左侧框架	右侧框架-核心筒	左侧框架	右侧框架-核心筒
X	1/601	1/849	1.22	1.20
Y	1/698	1/826	1.16	1.22

表 3-9　风荷载作用下位移角和位移比

方向	位移角		位移比	
	左侧框架	右侧框架-核心筒	左侧框架	右侧框架-核心筒
X	1/3 340	1/3 513	1.12	1.16
Y	1/4 260	1/3 152	1.06	1.19

3.2.3　主要构件及节点设计

以下主要介绍本项目中预制混凝土柱的连接、预制梁柱的连接、预制主次梁的连接、叠合板的连接、预制混凝土外模板的增设等。

1) 预制混凝土柱的连接

本项目采用直螺纹套筒灌浆连接技术,大幅缩短了预制柱层间上下钢筋连接长度。

以直径为 25 mm 的钢筋为例,采用浆锚搭接时,钢筋搭接长度达 1.3 m,不方便构件的预制、运输、吊装。采用直螺纹套筒灌浆连接技术后,连接长度仅为 0.2 m。由此可以看出,采用直螺纹套筒灌浆连接技术后,预留钢筋长度能够大幅缩短。现场预制混凝土柱套筒灌浆见图 3-22 所示:

图 3-22　预制柱套筒灌浆

图 3-23　预制梁柱连接节点

2) 预制梁柱的连接

本项目预制梁柱连接采用键槽节点,连接节点的标准做法如图 3-23 所示。

将预制框架梁键槽端部的梁底钢筋根据设计要求伸出部分钢筋直接锚入框架节点内,如水平锚固长度不满足要求,则采用加钢筋锚固板的方式,从而减少了梁端键槽内 U 形的数量,增加了连接的可靠性,同时保证了节点的抗震性能。

3) 预制主次梁的连接

由于本项目中次梁跨度较大(超过 11 m),预制主次梁连接采用主次梁节点后浇的方式,即主梁中部断开,底筋连续,次梁端部伸出底筋,预留抗剪键槽(图 3-24)。该连接方式不仅能满足承载力的要求,还能满足构件生产安装的相关要求。

图 3-24　预制主次梁连接节点

4）叠合板的连接

本项目楼板采用普通混凝土叠合楼板，叠合板受力端板底受力筋伸出预制板端，在叠合板的叠合面处附加钢筋，在满足板底钢筋支座锚固要求的前提下，方便了叠合板的吊装就位。叠合板非受力端在预制板面附加分布钢筋，增加整体连接性（图 3-25）。

图 3-25　叠合板的连接

5）预制混凝土外模板的增设

外立面预制柱及预制外框架梁外侧增设预制混凝土外模板（PCF），完全取消了外脚手架及外模板，预制梁外模板和预制柱外模板见图 3-26 所示：

预制柱外模板　　　　　　　　　　　　　　预制梁外模板

图 3-26　模板

3.2.4　相关构件及节点施工现场照片

主体结构施工照片见图 3-27 所示。

现场预制柱、预制梁、预制板、预制花池、预制梯板等构件吊装情况见图 3-28 所示。

主体结构竣工后实景图见图 3-29 所示。

图 3-27　主体结构施工

预制柱吊装

预制梁吊装

预制板吊装

预制花池吊装

图 3-28-1　预制构件吊装、安装（一）

预制梯板吊装　　　　　　　　　　　　　　预制楼梯安装

图 3-28-2　预制构件吊装、安装(二)

图 3-29　主体结构竣工

3.2.5　围护及部品件的设计

1) 围护墙体

本工程地上部分的建筑外墙采用 150 mm 厚或 200 mm 厚加气混凝土板材(NALC 墙板),外墙防水按《建筑外墙防水工程技术规程》(JGJ/T 235—2011)执行。外墙面采用一道防水砂浆防水,外墙洞眼分层塞实,并在洞口外侧先加刷一道防水增强层。外墙门窗框与墙洞口之间的缝隙采用发泡剂充填饱满。

2）内装设计

传统的建筑设计将室内装修用设备管线预埋在现浇混凝土楼板或墙体中，把使用年限不同的设备管线与主体结构混在一起建造，这样将导致若干年后预埋在建筑主体结构中老化的设备管线无法改造更新，从而缩短了建筑的使用寿命。

本项目采用了集成吊顶、成品地板、成品隔断、成品踢脚线、成品门窗等内装部品，实现了建筑装修一体化设计，最大限度地减少了现场手工制作以及其他影响施工质量和进度的操作，使结构耐久性、室内空间灵活性以及可更新性等得到大幅改善。

3.2.6　工程总结及思考

装配式建筑从方案阶段开始即应遵守标准化、模数化的设计理念。本工程原方案按现浇结构设计，建筑尺寸不规则，共有从 7 300 mm 到 11 700 mm 等九种不同柱网尺寸，四种楼梯开间尺寸，东立面外窗大小不统一，与标准化模数化原则相违背。确定采用装配式建筑后，通过各专业的配合设计，在保证原建筑外轮廓基本不变和满足停车功能需求的前提下，将开间柱网尺寸调整为 7 800 mm、8 300 mm 两种，进深柱网尺寸调整为 7 800 mm、10 300 mm、11 400 mm 三种；在满足疏散要求的前提下，将楼梯尺寸调整为 2 650 mm、2 900 mm 两种；将建筑外窗规格统一，塑造了整体连贯的建筑形象，同时减少了预制墙板规格，降低建造成本。

工程推进过程中应用 BIM 信息化技术实现了建筑、结构、机电设备、室内装修的一体化设计，通过各专业之间的协调配合，保证室内装修设计、建筑结构、机电设备及管线、生产、施工形成有机结合的完整系统。

在经济效益方面，本工程采用了先进的集成技术，包括取消外脚手架施工技术，以及采用承插型盘扣式支撑架技术、预制构件吊装组装技术、预制梁柱端锚技术、预制构件增设外模板（PCF）技术，以及免粉刷、免抹灰、免找平技术等，取得了较好的经济效益。与传统现浇结构相比，本工程在以上几个方面总计产生经济效益 953.39 万元，现场混凝土浇筑量减少了 44.2%，钢筋制作绑扎量减少了 46.3%，模板用量减少了 75.4%，大大降低了材料消耗及施工过程中对环境的影响，具有良好的经济效益与环境效益。

第 **4** 章
装配式混凝土剪力墙结构实例

4.1 南京丁家庄某保障性住房项目

4.1.1 工程概况

南京丁家庄某保障性住房项目由六栋工业化装配式高层公租房与三层商业裙房组成,位于南京市栖霞区(所属气候区:夏热冬暖地区),总建筑面积约 9.3 万 m^2,其中地下建筑面积约 1.6 万 m^2,地上建筑面积约 7.7 万 m^2。

本项目主体结构东西山墙采用预制夹心保温外墙板,楼面采用钢筋桁架叠合楼板,阳台采用预制叠合阳台,楼梯采用预制混凝土梯段板,预制率达到 25%。

1)工业化应用指标

本项目采用装配式剪力墙结构,预制构件包括预制 PCF 板、预制墙体、预制楼梯、预制叠合楼板、预制叠合阳台等。内隔墙采用成品陶粒混凝土轻质墙板,装配率 100%;外廊及阳台栏板采用陶粒混凝土轻质墙板,栏杆采用成品栏杆,装配率 100%;内装部品采用了整体卫生间、整体橱柜系统、整体收纳系统、成品套装门、成品木地板、集成吊顶、集成管线,装配率 100%。其他装配式建筑技术配置见表 4-1 所示:

表 4-1 装配式建筑技术配置分项表

阶段	技术配置选项	备注	项目实施情况
标准化设计	标准化模块,多样化设计	标准户型模块,内装可变;核心筒模块;标准化厨卫设计	✓
	模数协调		✓
工厂化生产/装配式施工	预制外墙	东西山墙采用预制夹心保温外墙板	✓
	预制内墙	成品陶粒混凝土轻质墙板	装配率 100%
	预制叠合楼板		✓
	预制叠合阳台		✓

续表 4-1

阶段	技术配置选项	备注	项目实施情况
工厂化生产/装配式施工	预制楼梯		√
	楼面免找平施工		√
	无外架施工		√
	成品栏杆		装配率 100%
一体化装修	整体卫生间		装配率 100%
	厨房成品橱柜		装配率 46.44%
	成品木地板、踢脚线		装配率 57.38%
	成品套装门		装配率 100%
信息化管理	BIM 策划及应用		√
绿色建筑	绿色星级标准		绿色三星

2）预制构件拆分

本项目遵循重复率高和模数协调的原则选取预制构件。在方案阶段，综合考虑预制构件的大小与开洞尺寸，尽量减少预制构件的种类。选择采用预制墙体、预制叠合楼板、PCF 板、预制叠合阳台、预制楼梯等。其中，预制剪力墙，对提高预制率有较大作用；预制叠合楼板、PCF 板，制作简单且成本增量低；预制阳台板与阳台隔板，制作简单复制率高；预制楼梯，尽量设计为相同的楼梯，而不是镜像关系的楼梯。

在设计阶段分析比较了预制构件的吊装、运输条件和成本，结果表明构件为 4 t 以内时运输、吊装相对顺利，运输、施工（塔吊）的成本也会降低。本项目预制剪力墙构件重量最大为 4.55 t；预制墙板的高度为楼层高度，宽度考虑到运输和生产场地，最大不超过 3.5 m；预制楼板的宽度也以运输和生产场地为考虑因素，大部分控制在 3 m 以内；PCF 板每块约重 1.2 t；预制阳台板每块约重 3 t；预制阳台隔板每块约重 0.4~1.3 t。

4.1.2　结构设计及分析

1）体系选择及结构布置

本项目的标准层平面采用模块化设计方法，由标准模块和核心筒模块组成。方案设计对套型的过厅、餐厅、卧室、厨房、卫生间等多个功能空间进行分析研究，在单个功能空间或多个功能空间组合设计中，用较大的结构空间来满足多个并联度高的功能空间要求，通过设计集成在套型设计中，并满足全生命周期灵活使用的多种可能。对差异性的需求通过不同的空间功能组合与室内装修来满足，实现了标准化设计和个性化需求在小户型成本和效率兼顾前提下的适度统一。

本项目均采用一个标准户型、一个标准厨房和卫生间，进行组合拼接，结合建设单位要求确定套型采用的开间、进深尺寸,建立标准模块,且能满足灵活布置的要求。结构主体采用装配整体式剪力墙结构体系,模块内部局部则采用轻质隔墙进行灵活划分。

本项目标准模块及其组合、标准层结构布置、标准层 BIM 模型、效果图等如图 4-1 至图 4-4 所示:

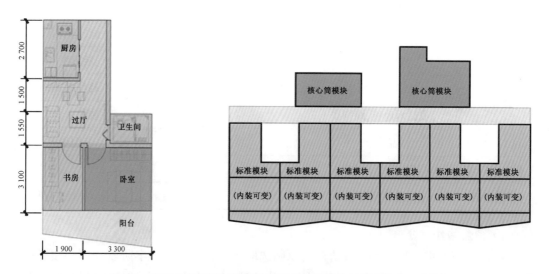

图 4-1 南京丁家庄某保障性住房项目标准模块与模块组合示意图

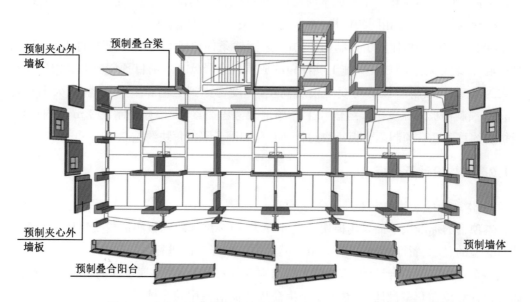

图 4-2 南京丁家庄某保障性住房项目标准层结构布置示意图

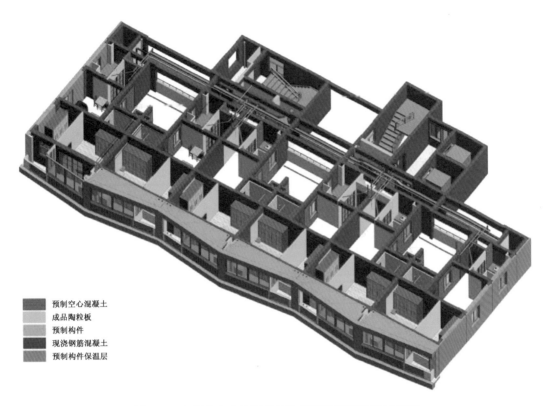

预制空心混凝土
成品陶粒板
预制构件
现浇钢筋混凝土
预制构件保温层

图 4-3 南京丁家庄某保障性住房项目标准层 BIM 模型

图 4-4 南京丁家庄某保障性住房项目效果图

2）结构分析及指标控制

本项目抗震设防烈度为 7 度（第一组）0.10g，场地土类别为Ⅲ类，基本风压（50 年一遇）为 0.4 kN/m²。由于六栋建筑结构类似，下面以 01 栋为例详细介绍。01 栋结构总重量为 2.79 万 t，其他计算结果见表 4-2 至表 4-5 所示：

表 4-2　振型及周期

振型	周期(s)	转角(°)	平动系数	扭转系数
1	2.518 5	92.81	0.99(0.00+0.98)	0.01
2	2.316 6	3.17	1.00(1.00+0.00)	0.00
3	1.907 2	137.77	0.02(0.01+0.01)	0.98
4	0.751 9	172.04	0.99(0.97+0.02)	0.01
5	0.704 1	80.97	0.99(0.02+0.96)	0.01
6	0.576 1	153.57	0.06(0.04+0.02)	0.94

表 4-3　结构底部地震剪力、地震倾覆力矩和地震剪力系数、有效质量系数

底部地震剪力(kN)		底部地震倾覆力矩(kN·m)		底部地震剪力系数(%)			有效质量系数(%)		
X 向	Y 向	X 向	Y 向	X 向	Y 向	限值	X 向	Y 向	限值
4 033.7	4 142.4	190 756	169 225	1.78	1.83	≥1.6	98.4	97.4	≥90

表 4-4　风荷载作用下位移角

风荷载作用下的弹性位移角			地震作用下的弹性位移角			规定水平力下楼层最大位移/楼层平均位移	
X 向	Y 向	规范限值	X 向	Y 向	规范限值	X 向	Y 向
1/3 338	1/1 547	≤1/1 000	1/1 700	1/1 309	≤1/1 000	1.07	1.15

表 4-5　刚重比、嵌固端上下层刚度比

刚重比		刚度比		
X 向	Y 向	X 向	Y 向	限值
4.94	4.40	0.492 5	0.495 5	≤0.54

由以上计算结果可以看出,第一扭转周期与第一平动周期比值为 0.76,小于 0.9,满足规范要求;地震剪力系数、位移角、位移比、刚度比等均满足规范的相关要求。

4.1.3　主要构件及节点设计

以下主要介绍 01 栋建筑中的预制构件和构件连接设计。其中,预制构件主要包括预制混凝土剪力墙、PCF 混凝土外墙板、预制混凝土叠合板等,构件连接包括预制剪力墙的连接、PCF 混凝土外墙板的连接等。

1) 预制混凝土剪力墙

本项目东西山墙剪力墙采用预制混凝土剪力墙(含保温),在拆分时遵循以下原则:

(1) 综合建筑立面效果、结构现浇节点及装饰挂板等,合理拆分外墙。

(2) 通过模数化、标准化、通用化减少板型,节约造价。

(3) 对每个墙板产品进行编号,每个墙板既有唯一的身份编号又能在编号中体现重

复构件的统一性。

（4）考虑运输的可能性和现场的吊装能力确定预制构件的尺寸。

本项目的预制剪力墙采用夹心保温体系，即将结构的剪力墙、保温板、混凝土模板预制在一起。在保证了结构安全性的同时，兼顾了建筑的保温节能要求和建筑外立面的装饰效果，进而实现施工过程中无外模板、无外脚手架、无砌筑、无粉刷的绿色施工。建筑内部仅在预制剪力墙拼接处浇筑混凝土，模板用量以及现场模板支撑及钢筋绑扎的工作量大大减少。

本项目采用的预制混凝土剪力墙（含保温）的外叶墙板为 60 mm 厚混凝土，中间为 50 mm 厚燃烧性能为 B1 级的挤塑聚苯板保温层，内叶墙板为 200 mm 厚钢筋混凝土墙体，见图 4-5 所示：

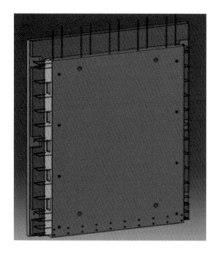

图 4-5　预制混凝土剪力墙（含保温）

2）PCF 混凝土外墙板

本项目北侧走廊与核心筒部位采用 PCF 混凝土外墙板。

PCF 混凝土外墙板常用于预制叠合剪力墙中，预制叠合剪力墙是一种采用部分预制、部分现浇工艺形成的钢筋混凝土剪力墙，其预制部分称为预制外模板（PCF），在工厂制作养护成型运至施工现场后，和现浇部分整浇。预制外模板（PCF）也在施工现场安装就位后可以作为剪力墙外侧模板使用。

本项目采用 PCF 外墙板作为剪力墙的外模板，建筑外墙实现了无外模板、无外脚手架、无砌筑、无粉刷的绿色施工。PCF 混凝土外墙板见图 4-6 所示。

3）预制混凝土叠合板

本项目楼板采用预制混凝土叠合板。

传统的现浇楼板存在现场施工量大，湿作业多，材料浪费多，施工垃圾多，楼板容易出现裂缝等问题。采用部分预制、部分现浇的预制混凝土叠合板后，叠合板的支撑系统脚手架工程量、现场混凝土浇筑量均较小，所有施工工序均有明显的工期优势。

图 4-6　PCF 混凝土外墙板

预制混凝土叠合板设计时遵照标准化、模数化,尽量减少板型、尽量采用大尺寸楼板以及方便运输吊装等原则,卧室、起居室等户内空间楼板采用叠合楼板,叠合楼板的建筑设备管线布线结合楼板的现浇层统一考虑;需要降板的房间的位置及降板范围,结合结构的板跨、设备管线等因素进行设计,为房间的可变性留有余地,降板结构方式采用折板方式;连接节点采用封闭系统,满足结构、热工、防水、防火、保温、隔热、隔声及建筑造型设计等要求。

图 4-7　预制混凝土叠合板

本项目楼板无预应力,为了防止楼板在生产及施工过程中发生开裂,同时为了增加预制层和叠合层间的整体性,在预制层内预埋设桁架钢筋。桁架筋应沿主要受力方向布置,距板边不大于 300 mm,间距不大于 600 mm,桁架筋弦杆混凝土保护层厚度不小于 15 mm。本项目所使用的叠合楼板预制层为 60 mm,现浇叠合层为 80 mm,水电专业在叠合层内进行预埋管线布线,保证了叠合层内预埋管线布线的合理性及施工质量。预制混凝土叠合板见图 4-7 所示。

4) 预制剪力墙的连接

本项目预制剪力墙采用套筒灌浆连接方式,相对于传统预制构件内浆锚搭接连接方式,套筒灌浆连接具有连接长度大大减少、构件吊装就位方便的优点。灌浆料为流动性能很好的高强度材料,在压力作用下可以保证灌浆的密实性,大量实验证明套筒灌浆连接方式可以达到钢筋等强连接的效果。预制剪力墙连接、预制剪力墙边缘构件连接见图 4-8 和图 4-9 所示:

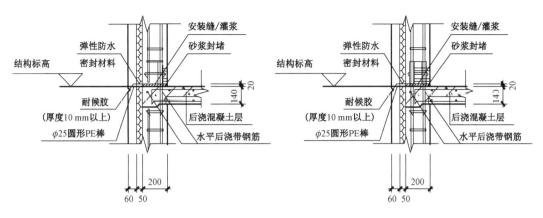

图 4-8　预制剪力墙连接　　　　　图 4-9　预制剪力墙边缘构件连接

5）PCF 混凝土外墙板的连接

本项目 PCF 混凝土外墙板的连接节点见图 4-10 所示：

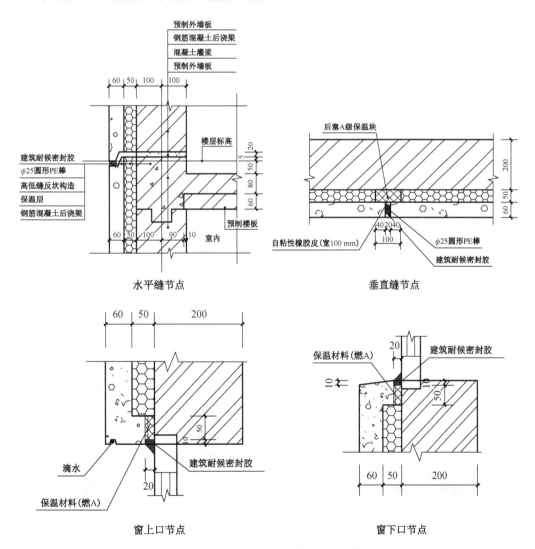

图 4-10　PCF 混凝土外墙板的连接节点

PCF 混凝土外墙板连接设计还要满足以下要求：

（1）水平缝、垂直缝及十字缝等接缝部位、门窗洞口等构配件组装部位的构造设计及材料的选用应满足建筑的物理性能、力学性能、耐久性能及装饰性能的要求。

（2）各类接缝设计应构造合理、施工方便、坚固耐久，并结合制作及施工条件进行综合考虑。防水材料主要采用发泡芯棒与密封胶。防水构造主要采用结构自防水＋构造防水＋材料防水。建筑外墙的接缝及门窗洞口等防水薄弱部位设计应采用材料防水和构造防水结合做法。

（3）预制外墙板接缝必须进行处理。根据不同部位接缝特点及当地风雨条件选用构造防水、材料防水或构造防水与材料防水相结合的防排水系统。挑出外墙的阳台、雨篷等构件的周边应在板底设置滴水线。

（4）预制外墙板接缝采用构造防水，水平缝采用高低缝。

（5）预制外墙板接缝采用材料防水时，必须用防水性能可靠的嵌缝材料。板缝宽度不宜大于 20 mm，材料防水的嵌缝深度不得小于 20 mm。对于普通嵌缝材料，在嵌缝材料外侧应勾水泥砂浆保护层，其厚度不得小于 15 mm。对于高档嵌缝材料，其外侧可不做保护层。预制外墙板接缝的材料防水还应符合下列要求：

① 外墙板接缝宽度设计应满足在热胀冷缩及风荷载、地震作用等外界环境的影响下，其尺寸变形不会导致密封胶的破裂或剥离破坏的要求。因此在设计时应考虑接缝的位移，确定接缝宽度，使其满足密封胶最大容许变形率的要求。

② 外墙板接缝宽度不应小于 10 mm，一般设计宜控制在 10～35 mm 范围内；接缝胶深度一般在 8～15 mm 范围内。

③ 外墙板接缝所用的密封材料应选用耐候性密封胶，耐候性密封胶与混凝土的相容性、低温柔性、最大伸缩变形量、剪切变形性、防霉性及耐水性等应满足设计要求。

④ 外墙板接缝防水工程应由专业人员进行施工，以保证外墙的防排水质量。

4.1.4　相关构件及节点施工现场照片

现场施工情况包括预制剪力墙进场、剪力墙就位与支撑架设、现场暗柱钢筋绑扎、PCF 板就位与支撑架设、剪力墙外立面等，见图 4-11 所示：

预制剪力墙进场

剪力墙就位与支撑架设

图 4-11-1　现场施工图（一）

| 现浇暗柱钢筋绑扎 | PCF板就位与斜撑架设 | 剪力墙外立面 |

图 4-11-2　现场施工图（二）

4.1.5　围护及部品件的设计

1）围护墙体

本项目内填充墙采用成品陶粒混凝土轻质墙板，板材在工厂生产、现场拼装，取消了现场砌筑和抹灰工序。

陶粒混凝土板材自重轻，对结构整体刚度影响小，板材强度较高。能够满足各种使用条件下对板材抗弯、抗裂及节点强度要求，是一种轻质高强围护结构材料，同时陶粒混凝土墙板还能满足保温、隔热、隔声、防水和防火等技术性能及室内装修的要求。

本项目采用的陶粒混凝土墙板见图4-12所示。

图 4-12　陶粒混凝土墙板

2）阳台及楼梯

本项目阳台采用预制叠合阳台板。阳台板连同周围翻边一同预制，现场连同预制阳台隔板共同拼装成阳台整体。阳台板叠合层厚度为 60 mm，叠合层内预埋桁架钢筋用于增强阳台板的强度、刚度，并增强其与现浇层的整体连接性能。施工时，现场仅需绑扎上部钢筋，浇筑上层混凝土，施工快捷。预制叠合阳台板做法和预制构件见图4-13所示。

传统的现浇楼梯现场模板工作量大，湿作业多，钢筋弯折、绑扎工作量大。本项目采用了预制混凝土梯段板，梯段内无钢筋伸出，施工安装时，梯段两端直接搁置在楼梯梁挑耳上，一端铰接连接，一端滑动连接。构件制作简单，施工方便，节省工期，大大减少现场的工作量。预制楼梯采用清水混凝土饰面，采取措施加强成品保护。楼梯踏面的防滑构造在工厂预制时一次成型，节约人工、材料和后期维护，节能增效。预制混凝土楼梯见图4-14所示。

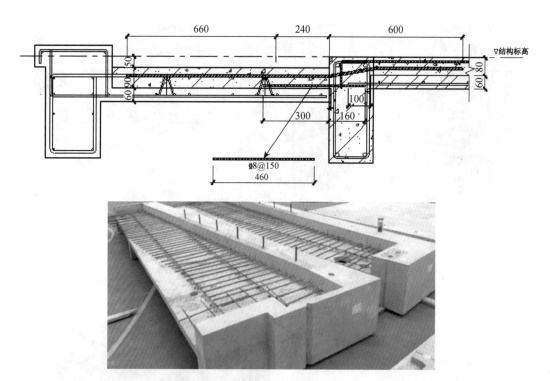

图 4-13　预制叠合阳台板

图 4-14　预制混凝土楼梯

3）厨房和卫生间

厨房和卫生间是住宅产业化的重要组成部分,本项目全部户型采用一个标准的厨房、卫生间,遵循模数设计规范,优选适宜的尺寸系列,进行以室内完成面控制的模数协调设计,设计标准化的厨卫模块,满足功能要求并实现厨房、卫生间的工厂化生产、现场干法施工。

卫生间模块考虑整体卫生间工厂生产的模数要求,各边预留了 50～100 mm 的安装尺寸,保证了工厂生产、现场安装的可能性。

厨房模块考虑了与内部装修工艺有关的模数协调可能性,保证完成面净尺寸便于 300 mm×300 mm 尺寸的面砖施工及橱柜的板材切割。

4.1.6　工程总结及思考

本工程设计采用了以下六个核心技术:

1) 标准化模块,多样化设计

本项目采用一个标准户型、一个标准厨房和卫生间,形成符合模数数列的标准化模块,并在标准户型模块中实现空间的可变,为南京安居保障房建设发展有限公司提供了一套系列化应用的装配式建筑体系。采用少构件、多组合的方式,降低了成本、提高了效率。

2) 主体结构装配化

主体结构采用预制装配整体式剪力墙结构体系,预制构件包括预制剪力墙(东西山墙)、预制叠合楼板、预制叠合阳台、预制楼梯等。预制率达到 25%。

3) 围护结构成品化

内隔墙采用成品陶粒混凝土轻质墙板,装配率 100%;外廊及阳台栏板采用陶粒混凝土轻质墙板,栏杆采用成品栏杆,装配率 100%。

4) 内装部品工业化

内装部品采用整体卫生间、成品套装门、整体橱柜系统、整体收纳系统、成品木地板、踢脚线、集成吊顶、管线集成等,实现了工业化。其中,整体卫生间、成品套装门的装配率 100%。

5) 设计、施工、运营信息化

采用 BIM 及 CATIA 技术,对预制构件、节点连接、设备管线的空间安装、施工等进行数字模拟,实现了构件预装配,指导了现场精细化施工,进而实现了项目后期管理运营的智能化。

6) 三星级绿色建筑,节能达到 65% 的要求

在本项目中,外墙保温与预制构件一体化,门窗遮阳一体化,阳台挂壁式太阳能集热器与窗户一体化,实现了空气质量监控、智能化能效管理、雨水回收等,达到了三星级绿色建筑,节能达到 65%。

预制装配式结构是一项复杂系统工程,与传统工程设计模式不同。在方案阶段要考虑到模数化、标准化的要求,除传统结构设计内容外,结构设计还包括以下内容:①构件的拆分和连接;②结构构件设计除考虑主体结构最终受力状态外,还需考虑构件制作、运输、吊装及现场安装的受力状态;③所有构件必须预留管线孔洞和施工安装的埋件。设计成果除了传统结构图纸外还需包括预制构件图、管线排布图等。

对于预制装配式结构设计,需采用三维数字化设计实现精细化设计:必须将预制构件进行模拟“拼接”并与建筑平、立面图进行严格比对;预制构件的设计、节点设计、连接方法等必须采用三维设计模式;实现计算机模拟施工,用以指导现场精细化施工。预制装配式结构的构件尺寸、钢筋的定位等都必须精确,不能出现错误。若在施工过程中发现已经生

产好的构件出现尺寸错误等问题,必将酿成不可估量的损失。

本工程采用法国达索公司的 CATIA 工业设计软件,实现了预制装配的可视化、三维设计可视化,以及管线综合、碰撞检查等。

本工程在预制构件的现场安装、施工过程中,主要有以下难点及对策:

1)预制构件的运输、堆放等管理难度大

本工程涉及大量预制构件的运输、堆放问题。为加强管理,本工程对现场堆放支架进行了安全分析,防止堆放期间发生倾覆事故;完善了构件的编号,通过微信扫码对各个构件进行跟踪管理;堆放区域根据施工进度计划划分,使各个构件的堆放与相关吊装计划相符合。

2)构件的吊装风险较大

由于预制构件现场装配,不可避免地需要采用大量起重设备。由于起吊高度和重量均较大,对吊装施工提出了非常高的要求,因此本工程队所有人员进行了上岗前的专项技术安全交底工作,加强了预制构件吊装的专项培训力度,配置足够的安全管理人员对整个吊装过程进行严密监控。

3)各专业施工队之间协调难度大

由于本工程涉及较多的专业分包,包括吊装作业队、现浇结构作业队、水电安装作业队等。施工期间存在吊装、现浇及安装的交叉作业现象,如预制构件拼装完成后需要进行接头现浇施工,而预制构件拼装的质量直接影响到现浇接头的施工质量,此过程涉及了吊装与现浇施工人员,需合理协调,避免相互影响。

4.2 杭州万科城

4.2.1 工程概况

本工程属商品住宅,位于杭州市良渚新城(所属气候区:夏热冬暖地区),2#、20#、21# 三栋住宅是预制混凝土建筑,地上总建筑面积约 4 万 m²。其中,2# 楼为 34 层,建筑高度 95.62 m,20#、21# 楼为 34 层,建筑高度 97.07 m。

1)工业化应用指标

本工程的外墙、楼梯、阳台板、阳台隔板等均采用预制构件,采用精装修,实现了无外模板、无脚手架、无砌筑、无抹灰的绿色施工目标。项目预制率为 2# 楼 17.2%,20#、21# 楼 16.2%。其他装配式建筑技术配置见表 4-6 所示:

表 4-6 装配式建筑技术配置分项表

阶段	技术配置选项	本工程实施情况
标准化设计	标准化模块,多样化设计	✓
	模数协调	✓

阶段	技术配置选项	本工程实施情况
工厂化生产/装配式施工	预制外墙	√
	预制楼梯	√
	成品栏杆	√
	预制排水沟	√
	预制阳台板	√
	预制阳台分隔墙	√
	无外架施工	√
	预制率	17.2%(2#)，16.2%(20#、21#)
一体化装修	内装集成体系	√
	工业化内装	√
信息化管理	BIM 策划及应用	√
绿色建筑	绿色星级标准	绿色三星

2) 预制构件拆分

本项目遵循重复率高和模数协调的原则选取预制构件。在方案阶段，综合考虑预制构件的大小与开洞尺寸，尽量减少预制构件的种类。预制构件包括 PCF 板、预制剪力墙、预制楼板、预制楼梯、预制阳台板、预制阳台隔板。其中，预制剪力墙对提高预制率有较大作用；预制阳台板与阳台隔板，制作简单复制率高；楼梯尽量设计为复制关系，而非镜像关系。

设计阶段考虑到吊装、运输条件和成本，通过比较，构件为 4 t 以内时运输、吊装相对顺利，运输、施工(塔吊)的成本也会降低。本项目剪力墙构件重量控制在 4.55 t 以内，预制墙板的高度以楼层高度为准，宽度考虑运输和生产场地等因素，最大不超过 4 m。

4.2.2 结构设计及分析

1) 体系选择及结构布置

本工程 PC 单体为 3 栋装配整体式剪力墙结构，标准层平面图、效果图见图 4-15 和图 4-16 所示。

2) 结构分析及指标控制

结构分析采用 SATWE 软件，在分析时，装配整体式剪力墙结构采用与现浇混凝土结构相同的方法进行结构分析。同一楼层内既有现浇墙肢也有预制墙肢时，现浇墙肢弯矩、剪力设计值放大 1.1 倍。整体计算时不考虑预制剪力墙接缝对整体刚度的影响，按现浇剪力墙进行计算，但单独验算接缝的抗剪承载力。

以下以 2# 楼为例进行介绍。采用 SATWE 计算分析结果见表 4-7 至表 4-9 所示。

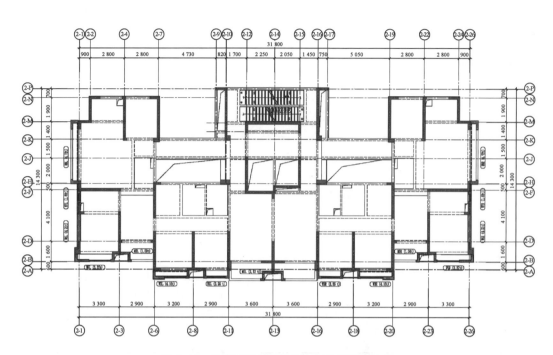

图 4-15　杭州万科城 PC 单体标准层平面布置

图 4-16　杭州万科城效果图

表 4-7　振型及周期

振型	周期(s)	转角(°)	平动系数	扭转系数
1	2.939 1	178.38	0.96(0.96+0.00)	0.04
2	2.780 4	88.40	1.00(1.00+0.00)	0.00
3	1.926 2	179.24	0.04(0.04+0.00)	0.96
4	0.885 6	178.54	0.98(0.98+0.00)	0.02
5	0.726 8	88.44	1.00(0.00+1.00)	0.00
6	0.568 2	174.34	0.03(0.03+0.00)	0.97

表 4-8　结构底部地震剪力、地震倾覆力矩和有效质量系数

底部地震剪力(kN)		底部地震倾覆力矩(kN·m)		有效质量系数(%)		
X 向	Y 向	X 向	Y 向	X 向	Y 向	限值
1 540.96	1 730.60	93 120	95 171	98.0	96.7	≥90

表 4-9　风荷载作用下位移角

风荷载作用下的弹性位移角			地震作用下的弹性位移角			规定水平力下楼层 最大位移/楼层平均位移	
X 向	Y 向	规范限值	X 向	Y 向	规范限值	X 向	Y 向
1/1 970	1/1 103	≤1/1 000	1/1 913	1/2 568	≤1/1 000	1.11	1.15

由以上计算结果可以看出,调整结构布置后,2# 的整体刚度、承载力均满足规范的相关要求。

4.2.3　主要构件及节点设计

本项目采用预制剪力墙结构,以下详述预制剪力墙、预制外墙板以及连接节点的做法。

1) 预制剪力墙及其连接节点

本项目山墙部分墙肢采用 200 mm 厚预制剪力墙,设置水平现浇带,现浇带宽度取结构设计剪力墙厚,现浇带与楼盖浇筑成整体。现浇带外侧 60 mm 预制板作为施工外模及防水嵌缝柔性材料作业界面。

上层预制剪力墙板与下层楼面之间的接缝高度 20 mm,采用灌浆方法填实。预制剪力墙身分布钢筋按照结构设计要求配置,上下层相邻预制剪力墙竖向钢筋采用另设连接钢筋以及灌浆套筒的方式连接,剪力墙边缘构件部分采用现浇。为保证预制剪力墙与现

浇结合面的连接强度,水平结合面侧面和竖向结合面均布置键槽。预制剪力墙上下连接套筒节点见图 4-17 所示:

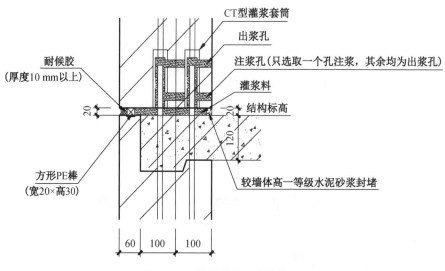

图 4-17　预制剪力墙连接节点

2）预制外墙板及其连接节点

本项目其他外围墙体采用预制外墙板,其接缝采用构造防水。水平缝采用企口缝,竖缝采用双直槽缝,并每隔三层设置引导排水孔。接缝节点见图 4-18 所示:

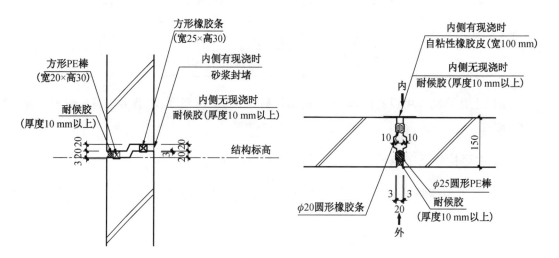

图 4-18　预制外墙板接缝节点

4.2.4　相关构件及节点施工现场照片

本项目预制构件运输、进场堆放、预制剪力墙、预制飘窗、铝模架设、施工完成后等现场情况见图 4-19 所示:

预制构件运输

预制构件进场堆放

预制剪力墙就位

预制飘窗就位

现浇部分铝模架设

装配整体式剪力墙外立面

图 4-19　现场施工图

4.2.5　围护及部品件的设计

1）围护墙体

本工程地上部分的隔墙采用加气混凝土砌块,满足隔声、防水和防火等技术性能,并且自重较轻,有利于建筑工业化的发展。

2）预制连接件

（1）预制外墙板转角部位连接件

构件和构件之间装配连接后,内侧部分后浇捣砼施工会出现侧向力,形成对已装配构件的挤压,构件外侧阳角会变形、扭曲,定型外墙板构件转角部位连接件,通过上、中、下三道连接件,用以固定构件。预制外墙板转角部位连接件见图 4-20 所示。

（2）预制外墙板水平部位连接件

为避免两块构件连接后,内侧受后施工浇捣砼的侧向挤压,引起构件连接部位跑位、移动,外墙板通常设置 3～4 道水平部位连接件（图 4-21）。

（3）预制外墙板限位器

预制构件外墙板限位器是外墙构件吊装时,构件和楼层临时连接的工具,既可以起临时拉接作用,又可以在校正时和校正后调节和固定预制构件外墙板。预制外墙板限位器见图 4-22 所示。

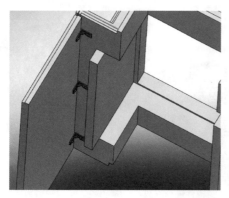
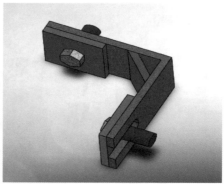

图 4-20　预制外墙板转角部位连接件

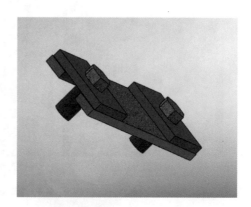

图 4-21　预制外墙板水平部位连接件

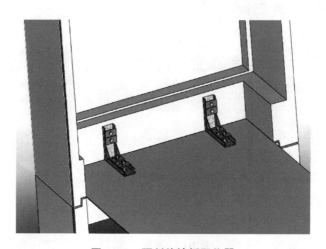

图 4-22　预制外墙板限位器

（4）预制外墙板连接片

预制构件外墙板连接片主要作用是，吊装时连接预制构件外墙板的上下部位通过定型化连接片校正时的调节，固定上下构件，不影响内侧内衬现浇墙的施工。预制外墙板连接片见图 4-23 所示：

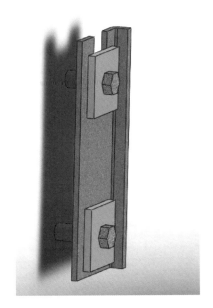

图 4-23　预制外墙板连接片

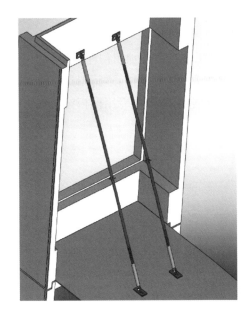

图 4-24　预制外墙板调节杆

（5）预制外墙板调节杆

预制外墙板吊装时,构件与结构需有连接,调节杆的作用是临时拉结和固定。校正时,起内外方向的就位调节。预制外墙板调节杆见图 4-24 所示。

4.2.6　工程总结及思考

本工程采用了装配式剪力墙结构,外围剪力墙、外围护墙体、楼梯梯段、阳台及阳台隔板等采用预制构件。从预制构件及其连接的设计、制作、施工来看,应注意以下几个方面:

（1）预制外墙的设计应符合建筑模数,并结合建筑立面装饰及门窗框的位置,统一由工厂制作完成;预制外墙的加工设计应符合国家建筑节能的标准;预制外墙的接缝设计应满足结构、加工、防排水、防火及建筑装饰等要求,并结合本地材料、制作及施工条件进行综合考虑;预制外墙的接缝及门窗洞口处应作防排水处理,并根据不同部位接缝的特点及风雨条件选用构造防排水、材料防排水或构造和材料相结合的防排水系统。

（2）设计图纸中遗漏预埋件、埋设物时,现场后锚固或开凿混凝土,将影响结构安全;预制构件中钢筋、预埋件、预埋物太密,将导致混凝土无法浇筑或浇筑不密实,致使预埋件锚固不牢,影响结构安全。因此,在设计阶段需加强协同设计、BIM 的应用,注意预制构件制作图的相关专业会审等。

（3）在施工现场应注意产品保护,防止预制构件磕碰损坏,落吊时吊钩速度要减慢。

（4）应防止有残留混凝土浆料或异物进入套筒,造成套筒预留孔堵塞,使灌浆料无法灌注或灌不满。应注意将固定套筒的膨胀螺栓锁紧,脱模后出厂前严格检查套筒。

（5）预制剪力墙采用套筒灌浆连接时,采用压浆法从下口灌浆,当灌浆料从上口流出时及时封堵出浆口。为避免灌浆不饱满,成为影响结构安全的重大隐患,对预制剪力墙竖向钢筋灌浆操作的全过程中均应有专职检验员与监理监督,并及时形成质量检查记录影像存档。

(6)施工现场出现预制构件连接的钢筋误差过大、构件无法安装时,禁止采用将钢筋热处理或直接剪断的做法,这将严重影响结构安全性。在浇筑混凝土前应严格检查预制构件的预留钢筋,并使用专用模板定位。

第5章

装配式钢结构体系的研究

随着我国国民经济的发展,我国钢材的产量和产业规模近几十年来一直稳居世界前列,2015 年我国年钢产量已突破 8 亿 t,钢结构产量已将近达到 5 000 万 t,也相继建成了一大批具有世界领先水平的钢结构标志性工程(图 5-1):以国家体育场为代表的城市体育项目,以国家大剧院为代表的剧院文化项目,以北京银泰中心为代表的超高层建筑等。但从客观角度看,我国钢结构的发展依然十分滞后,"十二五"期间钢结构用钢量占钢产量的比例不到 6%,且钢结构建筑面积在总建筑面积中的比例不到 5%,远远低于发达国家水平;从全球范围看,绿色化、信息化和工业化是建筑产业发展的必然趋势,钢结构建筑具有绿色环保、可循环利用、抗震性能良好的独特优势,在其全寿命周期内具有绿色建筑和工业化建筑的显著特征,应该说在我国发展钢结构空间巨大。

国家体育场　　　　　　　　　国家大剧院　　　　　　　　　北京银泰中心

图 5-1　标志性钢结构建筑

2015 年 11 月,李克强总理主持召开国务院常务工作会议,明确指出"结合棚改和抗震安居工程等,开展钢结构建筑试点,扩大绿色建材等的使用";2016 年 3 月,李克强总理在《政府工作报告》中提出,"大力发展钢结构和装配式建筑,提高建筑工程标准和质量",推动产业结构的调整升级。推广应用钢结构,不仅可以提高建设效率、提升建筑品质、低碳节能、减少建筑垃圾的排放,符合可持续发展的要求,还能化解钢铁产能过剩,推动建筑产业化发展,促进建筑部品更新换代和上档升级,具有重大的现实意义。

钢结构建筑从定义上来看是指建筑的结构系统由钢部(构)件构成的建筑;就结构体系而言钢结构天生具有装配式的特点,组成结构系统的梁、柱、支撑等构件均是在工厂加工制作,现场安装而成的;但仅仅因为结构体系的装配化就认为钢结构建筑是装配化建筑,这个观点是不充分的。因为建筑的装配化绝非单一结构构件装配的简单要求,而是对整体的构配件生产的配套体系和现场装配化程度的综合要求。与传统钢结构建筑相比,装配化钢结构建筑更加强调设计的模数化和工厂的预制化,不论是结构系统还是外围护系统、设备和管线系统和内装系统,整个建筑过程中的主要部分都应采取预制部品构件集成;更加强调部品件安装的整体化和集成化,如整体式厨房和整体式卫生间,以及设备管道的科学集成和模块化安装,以实现建筑过程的一体化;更加强调管理系统的信息化和建筑工人的技术化,通过信息化的科学管理和专业化技术操作,来保证装配式建筑的施工质量,从传统建筑粗犷化的生产模式转变为装配式建筑精细化的生产模式,促进建筑产业的优化和升级。

　　本章主要结合目前钢结构建筑常用的结构体系类型,考虑装配化建筑的特点,对钢框架结构体系、钢框架-支撑(延性墙板)结构体系以及钢束筒结构体系等进行拆分和研究,以推动装配式钢结构建筑在工程中的应用和推广。

5.1　装配式钢框架结构

　　钢框架结构的主要结构构件为钢梁和钢柱,钢梁和钢柱在工厂预制,在现场通过节点连接形成框架。一般情况下,框架结构的钢梁与钢柱采用栓焊连接或全焊接连接的刚性连接,以提高结构的整体抗侧刚度;为减少现场的焊接工作量,防止梁与柱连接焊缝的脆断,加大结构的延性,在有可靠依据的情况下,也可采用全螺栓的半刚性连接。

　　装配式钢框架结构的部件示意见图 5-2 所示,钢梁、钢柱、外墙、内墙、楼梯等主要部件均为预制构件,楼板采用的是钢筋桁架楼承组合板,除了楼板面层需现浇外,现场再无大面积的湿作业施工,装配化程度高。

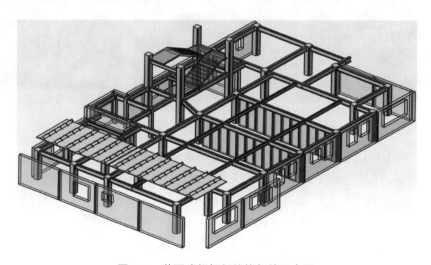

图 5-2　装配式钢框架结构部件示意图

5.1.1　装配式钢框架的布置原则和适用范围

　　为方便框架梁柱的标准化设计以及提高建筑结构的抗震性能,同时综合考虑建筑使

用的功能性、结构受力的合理性以及制作加工和施工安装的方便性等因素,装配式钢框架结构一般的布置原则如下:

(1) 钢框架建筑的平面尽可能采用方形、矩形等对称简单的规则平面;考虑到外墙板设计应少规格多组合以减少墙板模具的费用,以及钢构件本身的通用性和互换性,建筑户型平面尺寸布置应尽量以统一的建筑模数为基础,形成标准的建筑模块。

(2) 框架柱网的布置,应尽可能采用较大柱网,减少梁柱节点数量,在建筑空间增大、平面布置更加灵活的同时,实现安装节点少、施工速度快,有利于装配化的进程。多层钢结构的柱距一般宜控制在 6~9 m 范围。

(3) 框架梁布置时应保证每根钢柱在纵横两个方向均有钢梁与之可靠连接,以减少柱的计算长度,保证柱的侧向稳定;并应有目的的将较多的楼盖自重传递至为抵抗倾覆力矩而需较大竖向荷载与之平衡的外围框架柱。

(4) 次梁的布置,应考虑楼板的种类和经济跨度、建筑降板需求以及隔墙厚度和布置等因素,尽可能少布置次梁,次梁的间距一般宜控制在 2.5~4.5 m 范围。

以图 5-3 内廊式建筑的结构平面布置为例,说明钢结构的布置优势。一般情况下,若做成混凝土框架结构(图 5-3(a))时,考虑梁柱的截面取值和房屋净高(特别是走廊处净高)要求,通常布置为三跨,以减小主梁跨度。若做成钢框架结构(图 5-3(b))时,钢结构强度高,适用跨度大,梁柱截面可相应减小,结构布置可改为两跨布置,减少一排框架柱,既方便了构件加工又加快了现场梁柱装配进度,经济合理。

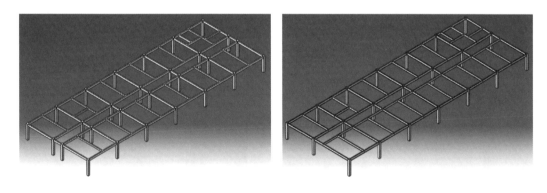

（a）混凝土框架　　　　　　　　　　　　　　（b）钢结构框架

图 5-3　内廊式建筑结构平面布置方案

对于钢框架结构,由于钢材的强度高,钢结构框架能有效避免"粗梁笨柱"现象,但也会造成钢框架结构的侧向刚度有限,结构的最大适用高度受到一定的限制,见表 5-1 所示:

表 5-1　钢框架结构房屋的最大高度

抗震设防烈度	6、7 度 (0.10g)	7 度 (0.15g)	8 度		9 度(0.40g)
			(0.20g)	(0.30g)	
最大高度(m)	110	90	90	70	50

实际工程中在抗震区以及风荷载较大的地区,当结构达到一定高度时,梁柱截面尺寸将由结构的刚度控制而不是强度控制,为控制构件的截面尺寸和用钢量,钢框架结构一般不超过18层。

5.1.2 装配式钢框架结构的构件拆分

钢结构的受力钢构件均是在钢构厂加工,现场进行通过螺栓连接或焊接连接成整体。钢构件在工厂的加工拆分原则主要考虑受力合理、运输条件、起重能力、加工制作简单、安装方便等因素;钢结构的楼板、外墙板及楼梯等构件的拆分则应根据构件的种类,遵循受力合理、连接简单、标准化生产、施工高效的原则,在方便加工和节省成本的基础上,确保工程质量。

装配式钢框架结构的钢框架柱、钢梁、楼板、外墙板、楼梯等构件的拆分如下详述。

1)钢框架柱的拆分

钢框架柱一般按2～3层进行分段作为一个安装单元,在运输和吊装能力许可的情况下,对层高不高的住宅建筑,也可按4层进行分段,分段位置通常设置在楼层梁顶标高以上1.2～1.3 m,以方便现场工人进行柱的拼接,见图5-4(a)所示。设计时为避免梁柱在工地现场的节点连接,可在柱边设置悬臂梁段,悬臂梁段与柱之间采用工厂全焊接连接,则柱拆分时是带有短梁头的,见图5-4(b)所示。这种拆分可将梁柱的节点连接转变为梁与梁的拼接,有效避免了强节点的验算,梁端内力传递性能较好且现场操作方便,设计和施工均相对简单,短悬臂梁段的长度一般为柱边外2倍梁高及梁跨度1/10的较小值。但由于带短梁头的柱运输、堆放、吊装和定位都比较困难,同时梁端的焊接性能也直接影响节点的抗震性能,1995年阪神地震表明悬臂梁段式连接的梁端节点破坏率是梁腹板螺栓

（a）框架柱拆分现场照片

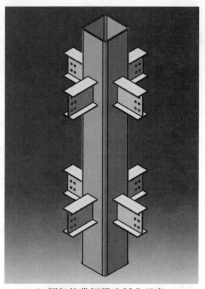

（b）框架柱带短梁头拆分示意

图5-4　钢框架柱的拆分

连接时的 3 倍,因此目前钢框架工程中以不带悬臂梁的柱拆分较为常见。

2）钢梁的拆分

钢框架主梁一般按柱网拆分为单跨梁,钢次梁以主梁间距为单元划分为单跨梁,见图 5-5 所示:

图 5-5　钢梁拆分工程现场照片

3）楼板的拆分

为满足工业化建造的要求,钢结构中楼板所用的类型主要有钢筋桁架楼承板组合楼板和桁架钢筋混凝土叠合板等。

钢筋桁架楼承板是将楼板中的钢筋在工厂加工成钢筋桁架,并将钢筋桁架与镀锌钢板在工厂焊接成一体的组合模板,见图 5-6 所示。施工中,可将钢筋桁架楼承板直接铺设在钢梁上,底部镀锌钢板可做模板使用,无须需另外支模及架手架,同时也减少了现场钢筋绑扎工程量,既加快了施工进度,又保证了施工质量。但当钢筋桁架楼承板的底板采用镀锌钢板时,楼板板底的装修(抹灰粉刷)存在一定困难,所以带镀锌底板的钢筋桁架楼承板一般多用在有吊顶的公建中较多;当用在住宅中时,可结合节能计算先在楼承板的板底敷设一层保温板,再进行粉刷。

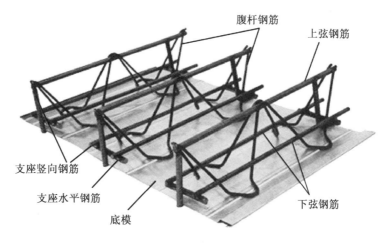

图 5-6　钢筋桁架楼承板钢模板

钢筋桁架楼承板的宽度一般为 576 mm 或 600 mm,长度可达 12 m,在设计时一般沿楼板短边受力方向连续铺设,将钢筋桁架楼承板支撑在长边方向的钢梁上,然后绑扎桁架连接钢筋,支座附加钢筋和板底分布钢筋,浇筑混凝土形成钢筋桁架楼承板组合楼板,组合楼板的剖面图见图 5-7 所示:

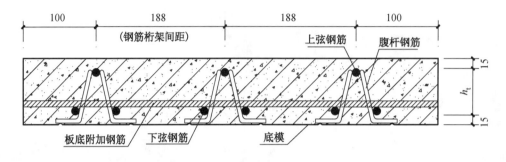

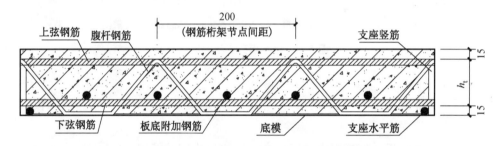

图 5-7　钢筋桁架楼承板组合楼板剖面

桁架钢筋混凝土叠合板是利用混凝土楼板的上下层纵向钢筋与弯折成型的钢筋焊接,组成能够承受荷载的桁架,结合预制混凝土底板,形成在施工阶段无须模板、板底不加支撑能够承受施工阶段荷载的楼板。桁架钢筋混凝土叠合板的预制底板厚度一般为 60 mm,后浇的混凝土叠合层一般不小于 70 mm,考虑到铺设管线的方便,一般不小于 80 mm。在进行楼板拆分设计时,预制混凝土底板应等宽拆分,尽量拆分为标准板型。单向叠合板拆分设计时,预制底板之间采用分离式接缝,拼缝位置可任意设置;双向叠合板拆分设计时,预制底板之间采用整体式接缝,接缝位置宜设置在叠合板受力较小处。桁架钢筋混凝土叠合板平面布置见图 5-8 所示,其中 DBS 板为双向板,DBD 板为单向板。板的接缝构造见图 5-9 所示。

4) 外墙板的拆分

目前民用钢结构外墙板应用较多的主要为蒸压加气混凝土外条板和预制混凝土夹心保温外墙板。蒸压加气混凝土条板应用在居住建筑中通常的布置形式为竖板安装,采取分层承托方式,因此应分层进行排板,条板的宽度一般为 600 mm,为避免材料浪费,建筑设计时,开间尺寸应尽量符合 300 mm 模数要求,窗户与墙体的分割也宜考虑条板的布板模数,见图 5-10 所示。

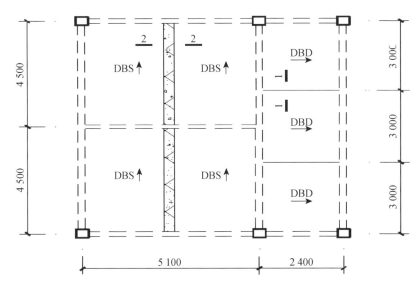

图 5-8　桁架钢筋混凝土叠合板平面布置图

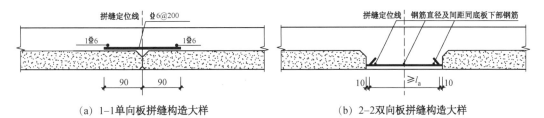

（a）1-1单向板拼缝构造大样　　　　　（b）2-2双向板拼缝构造大样

图 5-9　桁架钢筋混凝土叠合板拼缝构造大样

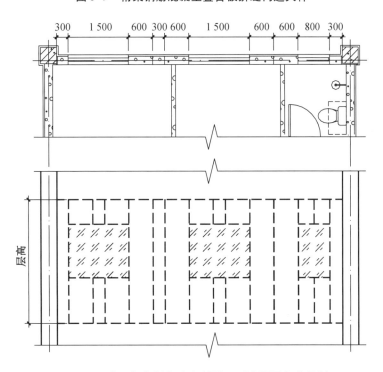

图 5-10　蒸压加气混凝土条板的平面布置及竖向排板

平台板拆分;混凝土楼梯自重较大,拆分时是否带有平台板应根据吊装能力确定。为减少混凝土楼梯刚度对主体结构受力的影响,装配式混凝土楼梯与主体钢结构通常采用柔性连接,楼梯和主体结构之间不传递水平力,见图 5-13(a)所示,而钢楼梯由于其刚度较小与主体结构的连接通常采用固定式连接,见图 5-13(b)所示:

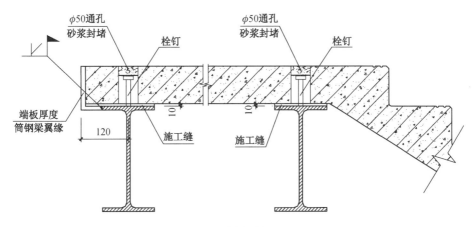

(a) 预制混凝土楼梯连接

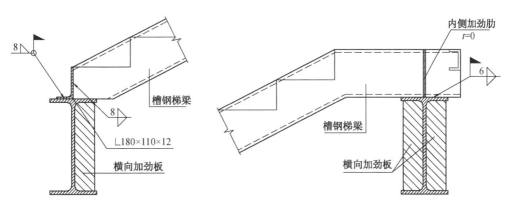

(b) 预制钢楼梯连接

图 5-13 预制楼梯连接

5.1.3 装配式钢框架结构的设计要点

装配式钢框架结构设计应满足现行国家标准《钢结构设计规范》《建筑抗震设计规范》《高层民用建筑钢结构技术规程》《装配式钢结构建筑技术标准》等要求。在设计中,为尽量减少工地现场的焊接工作量和湿作业,提高施工质量和装配程度,在规范的基础上结合最新的研究成果,提出一些需要注意的设计要点。

1)梁柱节点的连接

为保证结构的抗侧移刚度,框架梁与钢柱通常做成刚接,满足强节点弱杆件的设计要求;梁柱连接节点的承载力设计值,不应小于相连构件的承载力设计值;梁柱连接节点的极限承载力应考虑连接系数大于构件的全塑性承载力,《高层民用建筑钢结构技术规程》(JGJ 99—2015)对钢框架抗侧力结构构件的连接系数要求见表 5-2 所示。与《建筑抗震设计规范》(GB 50011—2010)规定相比,对构件采用 Q345 钢材的梁柱连接的连接系数值略高;对箱型柱和圆管柱的柱脚连接系数值略低。要求箱型柱的柱脚埋深不小于柱宽的 2 倍,圆管柱的埋深不小于柱外径的 3 倍。

表 5-2　钢构件连接的连接系数

母材牌号	梁柱连接		支撑连接、构件拼接		柱脚	
	母材破坏	高强螺栓破坏	母材或连接板破坏	高强螺栓破坏		
Q235	1.40	1.45	1.25	1.30	埋入式	1.2(1.0)
Q345	1.35	1.40	1.20	1.25	外包式	1.2(1.0)
Q345GJ	1.25	1.30	1.10	1.15	外露式	1.0

注:括号内的数字用于箱型柱和圆管柱。

考虑建筑空间和使用要求,梁柱连接形式一般为内隔板式或贯通隔板式。内隔板式常用于焊接钢管柱,贯通隔板式用于成品钢管柱。对节点区设置有横隔板的梁柱连接计算时,弯矩由梁翼缘和腹板受弯区的连接承受,剪力由腹板受剪区的连接承受。工程中为满足节点计算的强连接要求,必要时梁柱可采用加强型连接或骨式连接,以达到大震作用下梁先产生塑性铰并控制梁端塑性铰的位置的目的,避免节点翼缘焊缝出现裂缝和脆性断裂,见图 5-14 所示。图 5-14(a)、(b)为焊接钢管混凝土柱内隔板式,图 5-14(c)、(d)为成品钢管混凝土柱贯通隔板式,隔板上浇筑孔的开设根据柱中是否浇筑混凝土而定。另外需要注意的是,与同一根柱相连的框架梁,在设计时应合理选择梁翼缘板的宽度和厚度,使节点四周的钢梁高度尽量统一或相差在 150 mm(<150 mm)范围内,满足节点区设置两块隔板的传力条件,否则需设置三块隔板,加大构件制作的工作量,见图 5-15 和图 5-16 所示。

图 5-14、图 5-15 和图 5-16 中梁柱连接采用的均是梁翼缘与柱焊接,腹板与柱高强螺栓连接,这也是现阶段工程中最为常见的梁柱刚性连接方式。为减少现场的焊接工作量,避免焊接引起的热影响对构件的不利影响,当有可靠依据时,梁柱也可采用连接件加高强螺栓的全螺栓连接,如外套筒连接、外伸端板连接或短 T 型钢连接等,见图 5-17 和图 5-18 所示,其中外套管连接首先要将四块钢板围焊、与柱壁塞焊连接后,再将梁柱通过高强螺栓和连接件连接,在工程中已有应用;外伸端板加劲连接是《装配式钢结构建筑技术标准》推荐的全螺栓节点连接;而短 T 型钢加劲连接是刚度较大的全螺栓节点连接。这种全螺栓的连接方式由于连接本身不是连续的材料,在节点受力过程中,各单元之间会产生相互的滑移和错动,节点连接的刚度和连接件厚度、柱壁厚度、高强螺栓直径和节点的加劲措施等因素相关。美国 AISC-LRFD 规范认为完全约束的刚性节点应满足连接刚度与梁的刚度比值不小于 20 的条件,当节点连接的刚度不能满足刚性连接的刚度要求时,设计时应对半刚性螺栓连接节点预先确定连接的弯矩-转角特性曲线,以便考虑连接变形的影响。同时

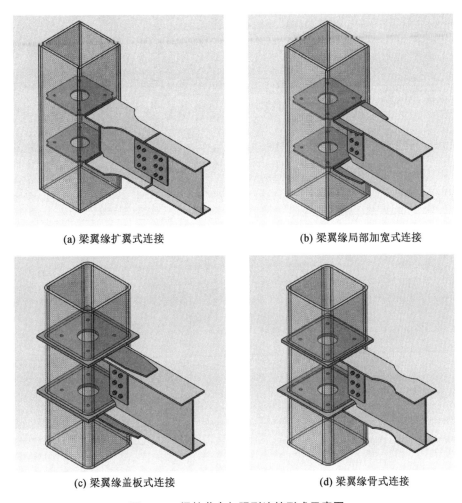

(a) 梁翼缘扩翼式连接　　　　　　　(b) 梁翼缘局部加宽式连接

(c) 梁翼缘盖板式连接　　　　　　　(d) 梁翼缘骨式连接

图 5-14　梁柱节点加强型连接形式示意图

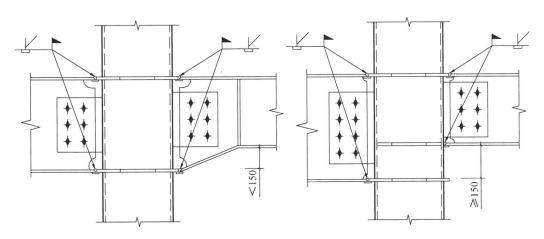

图 5-15　两侧梁高不一致梁柱节点连接

图 5-16　梁柱节点连接现场施工图

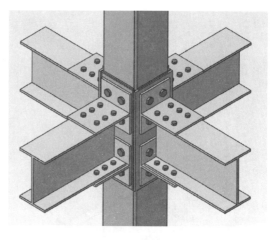

图 5-17　外套筒式连接

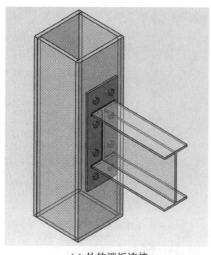

(a) 外伸端板连接

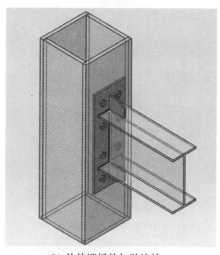

(b) 外伸端板的加劲连接

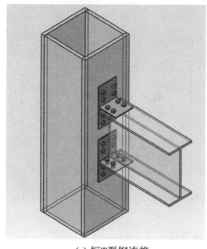

(c) 短T型钢连接

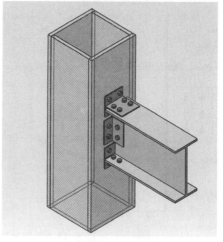

(d) 短T型钢的加劲连接

图 5-18　梁柱全螺栓连接

由于钢管柱为封闭截面,为实现螺栓的安装,必须在节点区域柱壁上预先开设直径较大的安装孔,待螺栓安装完毕后再将安装孔补焊好;或采用具有单侧安装、单边拧紧功能的单边螺栓,现阶段工程中应用较多的单边螺栓主要产自美国、英国或澳大利亚等国家。

2)主次梁的连接

次梁与主梁之间一般采用铰接连接,次梁与主梁仅通过腹板螺栓连接,见图 5-19(a)所示;当次梁跨度大、跨数较多或荷载较大时,为减少次梁的挠度,次梁与主梁可采用栓焊刚性连接,见图 5-19(b)所示;次梁与主梁也可采用全螺栓连接,见图 5-19(c)所示。当主次梁高度不同时,应采取措施保证次梁翼缘力的传递,如设置纵向加劲肋或设置变高度短牛腿;对于仅一侧设有刚接次梁的主梁,应增设一定的加劲肋来考虑次梁对主梁产生的扭转效应。对于两端铰接的钢次梁,设计时可考虑楼板的组合作用,将次梁定义为组合梁,节省用钢量,按组合梁设计时应注意钢梁上翼缘栓钉的设计要求。

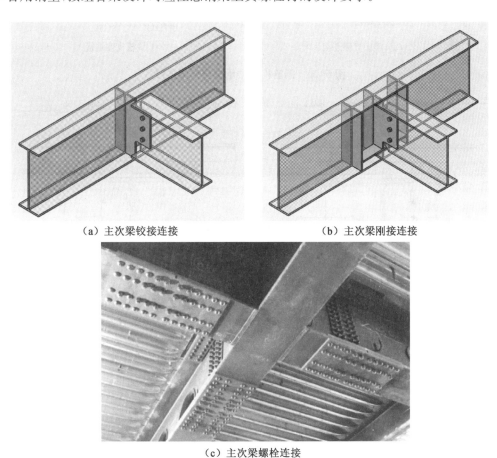

（a）主次梁铰接连接   （b）主次梁刚接连接

（c）主次梁螺栓连接

图 5-19　主次梁连接示意图

3)楼板与钢梁的连接

为保证楼板的整体性以及楼板与钢结构连接的可靠性,楼板与钢结构之间可通过设置抗剪连接件连接。钢筋桁架楼承板组合板与钢梁的连接构造见图 5-20 所示。当梁两侧的楼板标高不一致需要降板处理时,可在降板一侧的梁腹板上焊角钢;桁架钢筋混凝土叠合板与钢梁的连接构造见图 5-21 所示。图中给出了较为典型的两种连接做法,分别为单向板铺板不到支座的构造做法,以及单向板非受力边和双向板搭接的构造做法,单向板受力方向的支座连接同双向板支座构造。

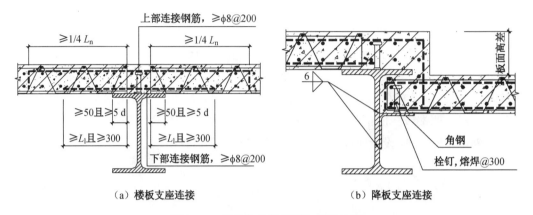

图 5-20　钢筋桁架楼承板与钢梁连接

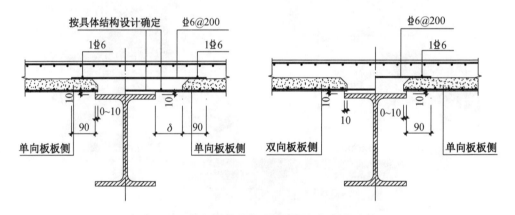

图 5-21　桁架钢筋混凝土叠合板与钢梁的连接

4) 外墙板与主体结构的连接

外墙板与主体结构的连接应构造合理、传力明确、连接可靠,并有一定的变形能力,能和主体结构的层间变形相协调,不应因层间变形而发生连接部位损坏失效的现象。

预制混凝土夹心保温外墙板与主体结构一般采用外挂柔性连接,常用的外挂柔性连接方式一般为四点支承连接(包括上承式和下承式),连接件的设计应综合考虑外墙板的形状、尺寸以及主体结构层间位移量等因素确定,具体的连接构造大都是预制混凝土夹心保温板生产企业自主研发的,现有的国家规范和图集还未给出统一的构造措施。图 5-22 是实际工程中外挂混凝土墙板的连接照片。

蒸压加气混凝土外墙板与主体结构的连接可采用内嵌式、外挂式和内嵌外挂组合式等形式,外挂式的连接见图 5-23 所示。一般来说,分层外挂式传力明确,保温系统完整闭合;内嵌式能最大限度地减少钢框架露梁、露柱的缺点,但需要处理钢梁柱的冷(热)桥问题。

图 5-22　预制混凝土外挂墙板与主体结构的连接照片

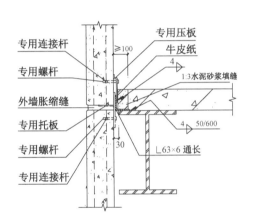
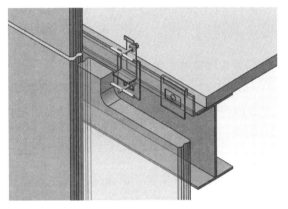

图 5-23　蒸压加气混凝土外墙板与钢梁的连接

5）钢柱与基础的连接

对抗震设防为 6、7 度地区的多层钢框架结构,采用独立基础时,结构柱脚的设计一般选择外包式刚接柱脚。当基础埋深较浅时,钢柱宜直接落在基础顶面,基础顶面至室外地面的高度应满足 2.5 倍钢柱截面高度的要求,如图 5-24(a)所示;当基础埋深较深时,为节省用钢量,可将基础做成高承台基础,抬高钢柱与承台的连接位置,如图 5-24(b)所示。外包式钢柱脚锚在基础承台上,基础承台的设计应满足刚度和平面尺寸要求,承台柱抗侧刚度不小于钢柱的 2 倍,钢柱底板边距承台边的距离不小于 100 mm。

6）预制阳台板、空调板与主体结构的连接

鉴于钢结构构件装配连接的特点,可以很方便地实现悬挑次梁与主梁和钢柱的刚性连接,因此在钢结构建筑中,阳台板一般可与楼板同时铺设施工,无须预制。当采用预制阳台板时,与预制空调板类似,可首先通过预留钢筋与主体结构的楼板钢筋绑扎连接或焊接连接,然后浇筑混凝土与主体结构连为整体;预留负弯矩钢筋(上排钢筋)伸入楼板的水平长度搭接连接时不得低于 $1.1l_a$。

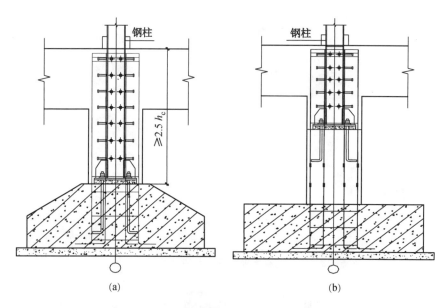

图 5-24　外包刚接柱脚与基础连接

7）其他需注意的设计要点

（1）考虑经济性和施工的方便性，钢框架结构的设计一般层数不多，对高度不超过 50 m 的纯钢框架结构，多遇地震计算时，阻尼比可取 0.04，风荷载作用下的承载力和位移分析，阻尼比可取 0.01，有填充墙的钢结构可取 0.02，舒适度分析计算时，阻尼比可取 0.01～0.015。

（2）为防止框架梁下翼缘受压屈曲，《建筑抗震设计规范》要求梁柱构件受压翼缘应根据需要在塑性区段设置侧向支撑杆即隔撑，见图 5-25 所示的主梁侧向隔撑，当钢筋混凝土楼板与主梁上翼缘有可靠连接时，只需在主梁下翼缘平面内距柱轴线 1/8～1/10 梁跨处设置侧向隔撑。

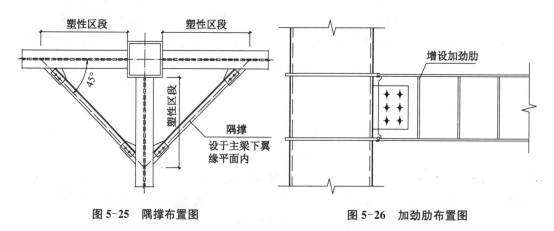

图 5-25　隔撑布置图　　　　　　图 5-26　加劲肋布置图

实际工程中，由于建筑使用以及室内美观的要求通常会限制侧向支撑（隔撑）的设置。对明确不能设置隔撑的框架梁，首先可对钢梁受压区的长细比以及受压翼缘的应力比进行验算,若长细比 $\lambda_y \leqslant 60\sqrt{235/f_y}$,或应力比 $\sigma/f \leqslant 0.4$,则不设置侧向隔撑,否则可采用在梁柱节点框架梁塑性区范围内增设横向加劲肋的措施来代替隔撑,见图 5-26 所示。

（3）考虑 $P-\Delta$ 重力二阶效应,为保证钢框架的稳定性,钢框架结构的刚度应满足下式要求:

$$D_i \geqslant 5\sum_{j=i}^{n}G_j/h_i \quad (i = 1, 2, \cdots, n) \tag{5-1}$$

式中: D_i——第 i 楼层的抗侧刚度(kN/mm),可取该层剪力与层间位移的比值;

$\quad\quad h_i$——第 i 楼层层高;

$\quad\quad G_j$—第 j 楼层重力荷载设计值(kN)。取 1.2 倍的永久荷载标准值与 1.4 倍的楼面可变荷载标准值的组合值。

对组合框架,考虑钢管内混凝土开裂而导致的刚度折减,建议设计时组合框架的刚度满足 $D_i \geqslant 7.5\sum_{j=i}^{n}G_j/h_i$ 的要求。

（4）对于钢结构,框架梁的梁端弯矩一般不进行调幅设计,调幅系数取值 1.0;但除却与支撑斜杆相连的节点、柱轴压比不超过 0.4 的节点以及柱所在楼层的受剪承载力比相邻上一层的受剪承载力高出 25% 的节点,钢框架节点处也应满足"强柱弱梁"原则。在工程设计中,应注意柱距的布置宜均匀,避免因柱距过大导致梁截面尺寸过高,在柱截面尽量统一的原则下,"强柱弱梁"难以实现的现象。

（5）当框架柱采用矩形钢管混凝土柱时,应注意需按空矩形钢管进行施工阶段的强度、稳定性和变形验算。施工阶段的荷载主要是混凝土的重力和实际可能作用的施工荷载。

5.2 装配式钢框架-支撑(延性墙板)结构体系

钢框架-支撑(延性墙板)体系是指沿结构的纵、横两个方向或者其他主轴方向,根据侧力的大小布置一定数量的竖向支撑(延性墙板)所形成的结构体系。

1) 钢框架-支撑结构体系

钢框架-支撑结构的支撑在设计中可采用中心支撑、屈曲约束支撑和偏心支撑。

（1）中心支撑

中心支撑的布置方式主要有十字交叉斜杆、人字形斜杆、V 字形斜杆或成对布置的单斜杆支撑等。K 字形支撑在抗震区会使柱承受比较大的水平力,很少使用。

中心支撑体系刚度较大,但在水平地震作用下支撑斜杆会受压屈曲,导致结构的刚度和承载力降低,且支撑在反复荷载作用下,内力在受压受拉两种状态下往复变化,耗能能力较差。因此,中心支撑一般适用于抗震等级为三、四级且高度不超过 50 m 的建筑。

（2）屈曲约束支撑

屈曲支撑的布置原则同中心支撑的布置原则类似,但能有效提高中心支撑的耗能能力。

屈曲约束支撑的构造示意见图 5-27 所示，主要由核心单元、无粘结约束层和约束单元三部分组成。核心单元是屈曲约束支撑中的主要受力构件，一般采用延性较好的低屈服点钢材制成，约束单元和无粘结约束层的设置可有效约束支撑核心单元的受压屈曲，使核心单元在受拉和受压下均能进入屈服状态。在多遇地震或风荷载作用下，屈曲约束支撑处于弹性工作阶段，能为结构提供较大的侧移刚度，在设防烈度与罕遇地震作用下，屈曲约束支撑处于弹塑性工作阶段，具有良好的变形能力和耗能能力，对主体结构的破坏起到保护作用。

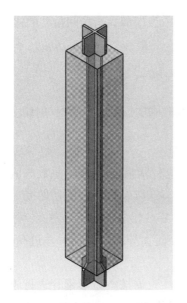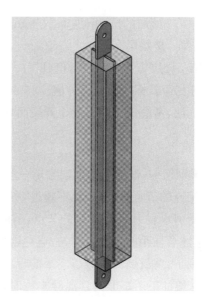

图 5-27　屈曲约束支撑

（3）偏心支撑

偏心支撑的布置方式主要有单斜杆式、V 字形、人字形或门架式等。偏心支撑的支撑斜杆至少有一端与梁连接，并形成消能梁段，在地震作用下，采用偏心支撑能改变支撑斜杆与耗能梁段的屈服顺序，利用消能梁段的先行屈服和耗能来保护支撑斜杆不发生受压屈曲或者屈曲在后，从而使结构具有良好的抗震性能，对高度超过 50 m 以及抗震等级为三级以上的建筑宜采用偏心支撑。

2）钢框架-延性墙板结构体系

钢框架-延性墙板结构体系中的延性墙板主要指钢板剪力墙和内藏钢板支撑的剪力墙等。

（1）钢板剪力墙

钢板剪力墙是以钢板为材料填充于框架中承受水平剪力的墙体，根据其构造分为非加劲钢板剪力墙、加劲钢板剪力墙、防屈曲钢板剪力墙以及双钢板组合剪力墙等形式。非加劲钢板剪力墙在设计时，可利用钢板屈曲后的强度来承担剪力，但钢板的屈曲会造成钢板墙的鼓曲变形，且在反复荷载作用下鼓曲变形的发生及变形方向的转换将伴随着明显的响声，影响建筑的使用功能，因此非加劲钢板剪力墙主要应用在非抗震及抗震等级为四级的高层民用建筑中。对设防烈度为 7 度及以上的抗震建筑,通常在钢板的两侧采取一定的防屈曲措施,来增加钢板的稳定性和刚度,如在钢板的两侧设置纵向或横向的加劲肋形成加劲钢板剪力墙,如图 5-28(a)所示,或在钢板的两侧设置预制混凝土板形成防屈曲钢板剪力墙,如图 5-28(b)所示。

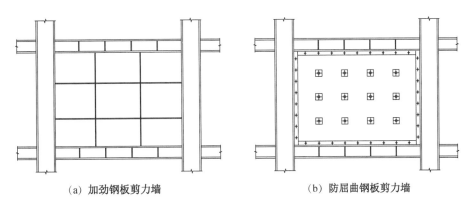

(a) 加劲钢板剪力墙　　　　　　　　　　　(b) 防屈曲钢板剪力墙

图 5-28　钢板剪力墙

在加劲钢板剪力墙中,加劲肋的布置方式主要取决于荷载的作用方式,其中水平和竖向加劲肋混合布置,使剪力墙的钢板区格宽高比接近于 1 的方式较为常见;当有多道竖向加劲肋或水平向和竖向加劲肋混合布置时,考虑到竖向加劲肋需要为拉力带提供锚固刚度,宜将竖向加劲肋通长布置。防屈曲钢板剪力墙中的预制混凝土板的设置除了能向钢板提供面外约束外,还可以消除纯钢板墙在水平荷载作用下产生的噪声。设计时预制混凝土板与钢板剪力墙之间按无粘结作用考虑,且不考虑其对钢板抗侧力刚度和承载力的贡献。为了避免混凝土板过早的发生挤压破坏,提高防屈曲钢板剪力墙的变形耗能能力,混凝土板与外围框架之间应预留一定的空隙,预制混凝土板与内嵌钢板之间一般通过对拉螺栓连接,连接螺栓的最大间距和混凝土板的最小厚度是确定防屈曲钢板剪力墙承载性能的主要参数。设计时相邻螺栓中心距离与内嵌钢板厚度的比值不宜超过 100;单侧混凝土盖板的厚度不宜小于 100 mm,以确保有足够的刚度向钢板提供持续的面外约束。

双钢板混凝土组合剪力墙是由两侧外包钢板、中间内填混凝土和连接件组合成整体,共同承担水平及竖向荷载的双钢板组合墙,钢板内混凝土的填充和连接件的拉结能有效约束钢板的屈曲,同时钢板和连接件对内填混凝土的约束又能增强混凝土的强度和延性,使得双钢板组合剪力墙具有承载力高、刚度大、延性好、抗震性能良好等优点。双钢板混凝土组合墙中连接件的设置对保证外包钢板与内填混凝土的协同工作和组合墙的受力性能具有至关重要的作用。目前依据国内外研究成果,《钢板剪力墙技术规程》(JGJ/T 380—2015)针对双钢板混凝土组合剪力墙,推荐的连接件构造主要有对拉螺栓、栓钉、T 形加劲肋、缀板以及几种连接件混用的方式等,如图 5-29 所示。

为保证连接件的工程可行性,如栓钉的可焊性和螺栓的可紧固性,《钢板剪力墙技术规程》(JGJ/T 380—2015)要求外包钢板厚度不宜小于 10 mm。

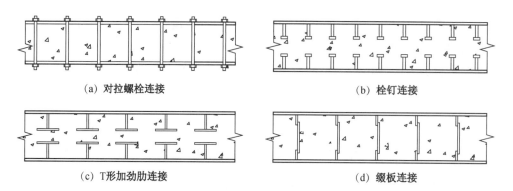

（a）对拉螺栓连接　　　　　　　　　　　（b）栓钉连接

（c）T形加劲肋连接　　　　　　　　　　　（d）缀板连接

图 5-29　双钢板混凝土组合剪力墙

（2）内藏钢板支撑的剪力墙

内藏钢板支撑的剪力墙是以钢板支撑为主要抗侧力构件,外包钢筋混凝土墙板的构件,见图 5-30 所示。混凝土墙板的设置主要用来约束内藏的钢板支撑,提高内藏钢板支撑的屈曲能力,从而提高钢板支撑抵抗水平荷载作用的能力,改善结构体系的抗震性能,设计时支撑钢板与墙板间应留置适宜的间隙,沿支撑轴向在钢板和墙板壁之间的间隙内均匀地设置无粘结材料;同时混凝土墙板设计时不考虑其承担竖向荷载,因此其与周边框架仅在钢板支撑的上下端节点处与钢框架梁相连,其他部位与钢框架梁柱均不相连,且与周边框架梁柱间均留有空隙,由于空隙的存在,小震作用下混凝土板不参与受力,只有钢板支撑承担水平荷载,混凝土板只起抑制钢板支撑面外屈曲的作用,在大震作用下结构发生较大变形,混凝土板开始与外围框架接触,随着接触面的加大,混凝土板逐渐参与承担水平荷载作用,起到抗震耗能的作用,从而提高整体结构的抗震安全储备。设计时墙板与框架间的间隙量应综合墙板的连接构造和施工等因素确定,最小的间隙应满足层间位移角达 1/50 时,墙板与框架在平面内不发生碰撞,且墙板四周与框架之间的间隙,宜用隔音的弹性绝缘材料填充,并用轻型金属架及耐火板材覆盖。

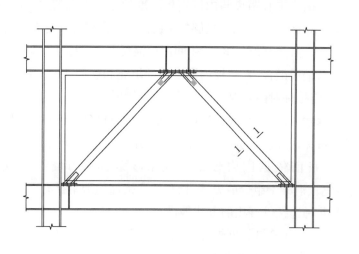
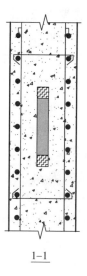

1-1

图 5-30　内藏钢板支撑的剪力墙

5.2.1   装配式钢框架-支撑（延性墙板）结构的布置原则和适用范围

装配式钢框架-支撑（延性墙板）结构体系中钢框架的布置原则同钢框架体系，根据支撑（延性墙板）类型和受力特点，装配式钢框架-支撑（延性墙板）结构体系中支撑（延性墙板）的布置原则如下：

（1）钢框架-支撑（延性墙板）结构体系中支撑（延性墙板）的平面布置宜规则、对称，使两个主轴方向结构的动力特性接近；同一楼层内同方向抗侧力构件宜采用同类型支撑（延性墙板）。对支撑结构，若支撑桁架布置在一个柱间的高宽比过大，为增加支撑桁架的宽度，也可将支撑布置在几个柱间。

（2）钢框架-支撑（延性墙板）结构体系中支撑（延性墙板）的竖向宜沿建筑高度连续布置，并应延伸至计算嵌固端或地下室。当延伸至地下室时，地下部分的支撑可结合钢柱外包混凝土用剪力墙代替。同时支撑的承载力与刚度宜自下而上逐渐减小，设计中可将支撑杆件（延性墙板）的截面尺寸可从下到上分段减小。

（3）为考虑室内美观和空间使用要求，支撑（延性墙板）在结构的平面布置上，通常应尽量结合房间分割布置在永久性的墙体内。

（4）对于居住建筑，由于建筑立面处理以及门窗洞口布置等建筑功能的要求，存在设置中心支撑相对比较困难的情况，此时可将支撑斜杆与摇摆柱结合布置，利用摇摆柱来平衡支撑斜杆的竖向不平衡力，避免框架横梁承受过大的附加内力，见图 5-31 所示：

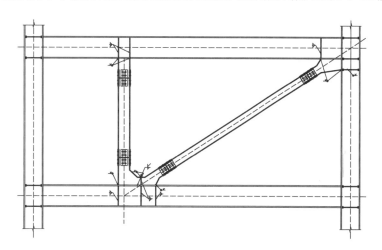

图 5-31   带摇摆柱的单斜杆支撑

（5）屈曲约束支撑的布置方式总体可参照中心支撑的布置，鉴于屈曲约束支撑的构造特点，宜选用单斜杆形、人字形和 V 字形等布置形式，不应选用 X 形交叉布置形式，支撑与柱的夹角宜为 30°～60°。

（6）钢板剪力墙与周边框架的连接有四边连接和两边连接两种形式。两边连接能实现钢板剪力墙在一跨内分段布置，便于刚度调整以及门窗洞口的开设，但其承载力和刚度均小于四边连接的形式。

（7）延性墙板为内藏钢板支撑的剪力墙时，内藏钢板支撑的形式宜采用人字支撑、V形支撑或单斜杆支撑，且应设置成中心支撑；当采用单斜杆支撑，应在相应柱间成对对称布置。

钢框架-支撑（延性墙板）结构体系中，由于支撑或延性墙板的设置，既能有效增强结构的抗侧移刚度，又在结构体系中承担大部分水平剪力，使房屋的建筑适用高度增大，钢框架-支撑（延性墙板）结构的最大适用高度见表5-3所示：

表5-3 钢框架-支撑结构房屋的最大适用高度 （m）

结构类型	抗震设防烈度				
	6、7度 (0.10g)	7度 (0.15g)	8度		9度 (0.40g)
			(0.20g)	(0.30g)	
框架-中心支撑	220	200	180	150	120
框架-偏心支撑 （延性墙板）	240	220	200	180	160

5.2.2 装配式钢框架-支撑（延性墙板）结构的构件拆分

装配式钢框架-支撑（延性墙板）结构的构件拆分包括钢框架柱、钢框架梁以及支撑和延性墙板的拆分。其他构件的拆分与装配式钢框架结构相同。

1）钢框架柱的拆分

钢框架柱一般取2～3层为一个安装单元，分段位置在楼层梁顶标高以上1.2～1.3 m。与支撑相连的框架柱拆分时，应带有连接板以及短梁头，见图5-32所示：

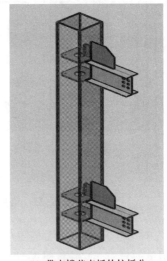

(a) 带中心支撑的柱拆分 　　　　(b) 带支撑节点板的柱拆分

图5-32 带支撑的柱拆分

2）钢框架梁的拆分

钢框架主梁一般是按柱网拆分为单跨梁，只是与支撑相连的框架梁拆分时根据支撑的设置在相应部位应带有连接板,参见图 5-32(a)所示。

3) 支撑和延性墙板的拆分

支撑和延性墙板一般按层拆分。单斜杆、人字形、V 字形的支撑拆分为单个斜杆,交叉形支撑一个方向拆分为单斜杆,另一方向拆分为两个单斜杆,见图 5-33 所示:

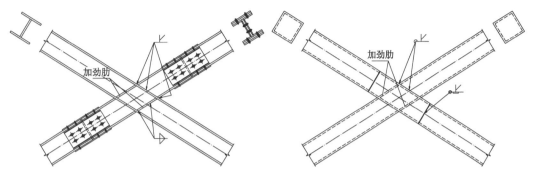

图 5-33　交叉支撑的拆分及连接

5.2.3　装配式钢框架-支撑(延性墙板)结构的设计要点

与装配式钢框架结构相比,装配式钢框架-支撑(延性墙板)结构的设计在于支撑与框架结构的连接、延性墙板与框架结构的连接。

1) 支撑与框架结构的连接

钢框架-支撑结构的支撑一般宜采用双轴对称截面,从受力角度支撑与梁柱节点宜设计为铰接连接,但由于铰接连接的精度控制不易实现,工程中支撑与梁柱节点刚接连接较为常见,见图 5-34 所示。支撑与框架结构常用的连接方式为焊接或螺栓连接,螺栓连接的现场焊接工作量少,但连接板和螺栓用量偏多,且对构件的加工精度要求高,因此支撑与框架结构的连接采用焊接连接居多。

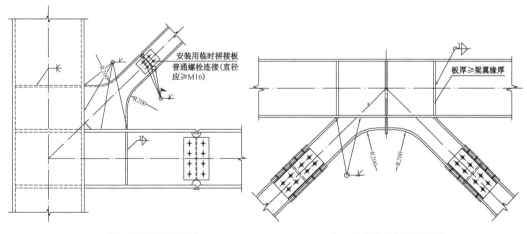

(a) 支撑与梁柱的焊接连接　　　　　　(b) 支撑与梁的螺栓连接

图 5-34　支撑与框架的连接

2）延性墙板与框架结构的连接

一般情况下，除了双钢板组合剪力墙，钢板剪力墙以及内藏钢板支撑的剪力墙设计时通常只考虑其承担水平荷载，不承担竖向荷载，因此其与周边框架的连接宜在主体结构封顶后进行；钢板剪力墙与边缘构件（框架梁、框架柱）可采用鱼尾板过渡连接方式，见图5-35所示。鱼尾板与边缘构件宜采用焊接连接，鱼尾板厚度应大于钢板厚度，钢板剪力墙与鱼尾板可采用螺栓连接或焊接。对于加劲钢板剪力墙，为避免加劲肋直接承受边缘构件的不利作用，加劲肋与边缘构件不宜直接连接。当非加劲钢板剪力墙与边缘构件采用两边连接时，两侧自由边在受力过程中容易过早出现平面屈曲变形，设计时宜在钢板两自由边设置加劲肋，加劲肋厚度不宜小于剪力墙钢板厚度。

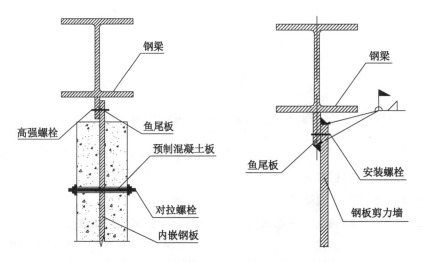

图5-35　延性墙板与边缘构件用鱼尾板过渡的连接示意

3）其他设计要点

（1）钢框架-支撑结构在设计时，框架柱采用钢管混凝土柱可节省用钢量以及提高柱防火性能，组合框架-支撑结构多遇地震计算时，高度不大于50 m时阻尼比可取0.04，高度大于50 m且小于200 m时阻尼比可取0.035；罕遇地震下阻尼比可取0.05，风荷载作用下的承载力和位移分析，阻尼比可取0.025，舒适度分析计算时，阻尼比可取0.015。当偏心支撑框架部分承担的地震倾覆力矩大于结构总地震倾覆力矩的50%时，多遇地震的阻尼比可相应增加0.005。当采用屈曲耗能支撑时，阻尼比应为结构阻尼比和耗能部件附加有效阻尼比的总和。

（2）钢框架-支撑（延性墙板）结构体系中，在风荷载和多遇地震作用下，钢支撑、非加劲钢板剪力墙、加劲钢板剪力墙、防屈曲钢板剪力墙的弹性层间位移角不宜大于1/250，采用钢管混凝土柱时不宜大于1/300；双钢板组合剪力墙弹性层间位移角不宜大于1/400。在罕遇地震作用下，钢支撑、非加劲钢板剪力墙、加劲钢板剪力墙、防屈曲钢板剪力墙的弹塑性层间位移角不宜大于1/50；双钢板组合剪力墙弹塑性层间位移角不宜大于1/80。

（3）高度超过60 m的钢结构属于对风荷载比较敏感的高层民用建筑，承载力设计时应按基本风压的 1.1 倍采用；当多栋或群集的高层民用建筑相互间距较近时，还宜考虑风力相互干扰的群体效应，再乘以相应的群风放大系数。

（4）钢结构的抗震等级主要依据抗震设防分类、设防烈度和房屋高度确定，与结构类型无关，所以钢框架-支撑（延性墙板）结构体系中构件的抗震等级一般与结构相同，无须考虑框架和支撑所分担的地震倾覆力矩比例。但为了实现多道防线的概念设计，框架-支撑结构中框架部分按刚度分配计算得到的地震层剪力应乘以调整系数，达到不小于结构总地震剪力的 25% 和框架部分计算最大层剪力的 1.8 倍二者的较小值。

（5）框架-支撑结构体系中，可按《钢结构规范》（GB 50017—2003）5.3.3 条，根据侧移刚度的大小来判断该框架-支撑结构是否为强支撑框架。若结构该方向为强支撑，那么在该方向框架-支撑结构可按无侧移框架考虑。

（6）考虑 $P-\Delta$ 重力二阶效应，为保证框架-支撑体系中框架部分的稳定性，钢框架结构的刚度应满足下式要求：

$$EJ_d \geqslant 0.7H^2 \sum_{i=1}^{n} G_i \tag{5-2}$$

式中：EJ_d——结构一个主轴方向的弹性等效侧向刚度；

H——房屋高度；

G_i——第 i 楼层重力荷载设计值（kN），取 1.2 倍永久荷载标准值与 1.4 倍的楼面可变荷载标准值的组合值。

对组合框架，考虑钢管内混凝土开裂而导致的刚度折减，建议设计时组合框架的刚度满足 $EJ_d \geqslant 1.0H^2 \sum_{i=1}^{n} G_i$ 的要求。

（7）采用人字形和 V 形支撑的框架，框架梁设计时应考虑跨中节点处两根支撑分别受拉屈服和受压屈曲所引起的不平衡竖向力和水平分力的作用，支撑的受压屈曲承载力和受拉屈服承载力应分别按 $0.3\varphi A f_y$ 和 $A f_y$ 计算。对普通支撑，为减少竖向不平衡力引起的梁截面过大，可采用跨层的 X 形支撑或采用拉链柱，如图 5-36 所示。但对屈曲约束支撑，由于约束支撑的构造特点，X 形支撑难以实现。

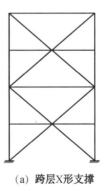 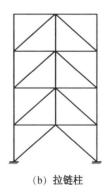

（a）跨层X形支撑　　　　（b）拉链柱

图 5-36　人字形支撑布置

（8）防屈曲钢板剪力墙设计时，混凝土盖板与外围框架预留间隙的大小应根据大震作用下结构的弹塑性位移角限值确定，即：

$$\Delta = H_e [\theta_p] \tag{5-3}$$

式中：$[\theta_p]$——弹塑性层间位移角限值，可取 1/50。

单侧混凝土盖板的厚度不宜小于100 mm,且应双层双向配筋,每个方向的单侧配筋率均不应小于0.2%,且钢筋最大间距不宜大于200 mm。

(9)双钢板组合剪力墙的墙体两端和洞口两侧应设置边缘构件,边缘构件包括暗柱、端柱或翼墙,边缘构件宜采用矩形钢管混凝土构件。同时设计时为满足位移角达到1/80时,墙体钢板不发生局部屈曲的目标,双钢板内连接件采用栓钉或对拉螺栓连接件时,距厚比(栓钉或对拉螺栓的间距与外包钢板厚度的比值)限值取为$40\sqrt{235/f_y}$;采用T形加劲肋时,距厚比限值取为$60\sqrt{235/f_y}$。

(10)框架-支撑(延性墙板)结构体系中结构柱脚的设计应结合地下室的布置以及嵌固端的位置确定。无地下室时,对抗震设防烈度为6、7度地区的房屋,一般结合钢柱的保护优先选择外包式刚接柱脚,以简化设计与施工;当有地下室且上部结构的嵌固端在地下室顶面时,上部结构的钢柱在地下室应至少过渡一层为型钢混凝土柱,地下室地面处的柱脚可不按刚接柱脚进行设计,应根据工程的具体情况采用外包柱脚或钢筋混凝土柱脚。

5.3 装配式钢束筒结构

装配式钢束筒结构是装配式钢筒体结构体系的一种,多用于高层和超高层建筑中。1973年建成的美国西尔斯大厦(Sears Tower)采用了钢束筒结构。

西尔斯大厦总建筑面积约37万 m^2,建筑高度443 m,共110层,建成于1974年,是当时世界第一高楼。建筑平面由9个尺寸相同的筒体构成,从下而上筒体逐渐由9个减至2个,见图5-37所示:

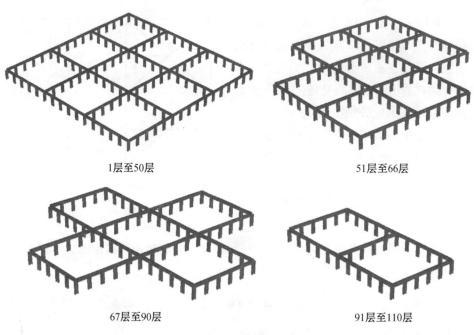

1层至50层	51层至66层
67层至90层	91层至110层

图5-37 沿高度筒体变化

束筒的各个筒体在不同高度处截断,形成了一组阶梯形的体量,在使用上满足了较小楼面租赁客户的需要,在外观上从不同角度都能看到变化的景观和天际线,给人以活泼感,在高度上给人以立体感。各筒体用不同组合形式满足了空间和美学两方面不同的需要。

在该建筑中,钢柱每节两层高,并带两侧半跨的裙梁,在工厂制作后运到现场,在半层高度采用高强度摩擦螺栓拼接;钢梁在跨中采用高强度摩擦螺栓拼接;楼板采用压型钢板上浇筑轻质混凝土,压型钢板高度 76 mm,上部混凝土 63 mm 厚。

该建筑结构体系第一周期约 8 s,总用钢量约为 6.9 万 t,单位用钢量约 165 kg/m^2。

5.3.1 装配式钢束筒结构的特点及适用范围

装配式钢束筒结构是钢筒体结构的一种。通常,钢筒体结构包括框筒、筒中筒、桁架筒、束筒等结构形式,从平面布置来看,筒体结构的共同特点是通过密柱深梁形成翼缘框架或腹板框架,从而成为刚度较大的抗侧力体系。桁架筒的柱距可以稍大一些,通过桁架加强其抗侧刚度。框筒、筒中筒和束筒结构的平面示意见图 5-38 所示:

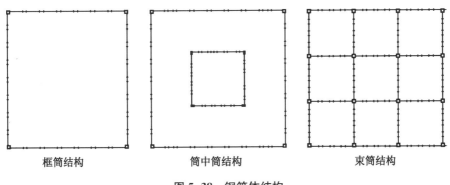

框筒结构　　　　　筒中筒结构　　　　　束筒结构

图 5-38　钢筒体结构

随着建筑高度的增长,框筒结构、筒中筒结构抗侧刚度很难满足超高层建筑结构的要求,为提高筒体的抗侧刚度,可以将由两个或两个以上的钢框筒紧靠在一起成"束"状排列,即形成钢束筒结构。与装配式钢框筒结构、筒中筒结构相比,装配式钢束筒结构的腹板框架数量要多,翼缘框架与腹板框架相交的角柱增多,具有更大的刚度,能够大大减小筒体的剪力滞后效应(图 5-39),且可以组成较复杂的建筑平面形状。

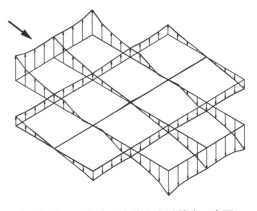

图 5-39　钢束筒结构剪力滞后效应示意图

钢束筒结构的布置原则如下:

(1)平面外形宜选用对称图形:圆形、正多边形、矩形等。

(2)竖向刚度变化宜均匀。

（3）柱距不宜过大。钢束筒的柱距一般不宜超过 5 m，且钢柱强轴方向应沿筒壁方向布置。可通过减小筒体柱距提高筒体的抗侧刚度。

（4）筒体裙梁的截面高度不宜过小。一般的，筒体裙梁的截面高度可取柱距的 1/4。可通过增大筒体裙梁的截面高度提高筒体的抗侧刚度。

（5）角柱截面面积可取中柱的 1~2 倍。

由于钢束筒结构的侧向刚度较大，多用于高层和超高层建筑中，最大适用高度见表 5-4 所示：

表 5-4　装配式钢束筒结构的最大适用高度　　　　　　　　　　　　　　　　　（m）

非抗震设计	抗震设防烈度					
	6 度	7 度 (0.1g)	7 度 (0.15g)	8 度 (0.2g)	8 度 (0.3g)	9 度 (0.4g)
360	300	300	280	260	240	180

高宽比不宜大于表 5-5 所示：

表 5-5　装配式钢束筒结构的最大高宽比

抗震设防烈度	6 度	7 度	8 度	9 度
最大高宽比	6.5	6.5	6.0	5.5

5.3.2　装配式钢束筒结构的构件拆分

采用装配式钢束筒结构的建筑，一般柱网种类较少，柱距较小，单筒体尺寸一致或种类较少，相比较而言，构件拆分设计较简单。构件拆分设计包括对整体建筑设计进行单元构件拆分、构件安装的连接节点设计等。

在装配式钢束筒结构设计中，需要对钢柱、钢梁、楼板、外墙板、楼梯等进行单元拆分，以满足工业化建造的要求。在保证结构安全、受力合理的前提下，构件安装的连接节点设计应遵循施工方便、少规格的原则。

1）钢柱的拆分

钢束筒结构中钢柱一般是小筒体的竖向构件，拆分一般考虑到加工运输方便、减少连接节点等因素，两层或三层为一节柱。钢柱分为带悬臂梁段和不带悬臂梁段两种，由于钢束筒结构的柱距一般不超过 5 m，为减少连接节点，在钢柱单元拆分时，以带悬臂梁段的情况居多，如图 5-40 所示。

2）钢梁的拆分

钢束筒结构中的钢梁包括两种：一种是筒体的裙梁，即与筒体钢柱连接的钢梁；另一种是筒体内的楼层梁。这两种钢梁差别较大。筒体裙梁一般跨度较小，一般不超过 5 m，且梁高较高，跨高比可达到 4 或更大，裙梁与钢柱均采用刚接节点。在这种情况下，筒体裙梁一般作为钢柱单元的悬臂梁段，钢柱与钢梁连接部分在工厂加工制作，现场悬臂梁段

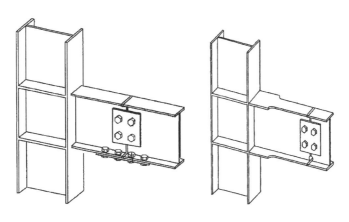

图 5-40　带悬臂梁段的钢柱

拼接(图 5-41)。

　　筒体内的楼层梁分为楼层主梁和楼层次梁两种,在一些情况下,仅布置楼层主梁
(图 5-41)。楼层主梁跨度一般较大,超过 10 m,与筒体钢柱连接,可以为刚接节点也可
以做成铰接,在超高层结构中,楼层主梁与钢柱连接一般为铰接,以减小钢柱的弱轴向弯
矩。楼层次梁与筒体裙梁、楼层主梁连接一般为铰接。拆分时,楼层的主梁一般拆为单跨
梁,次梁以主梁间距为单元拆分为单跨梁。

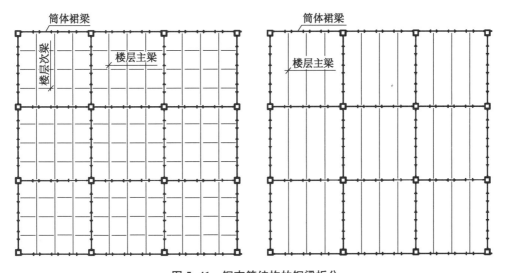

图 5-41　钢束筒结构的钢梁拆分

　　3) 钢支撑的拆分
　　装配式钢束筒结构中钢支撑较少,一般布置在加强层、腰桁架等位置处(图 5-42)。
钢支撑可分为柱间支撑、梁间支撑等,柱间支撑一般可按柱间距拆分为单跨支撑,梁间支
撑按钢梁间距拆分为单跨支撑,支撑长度要考虑加工运输的方便。

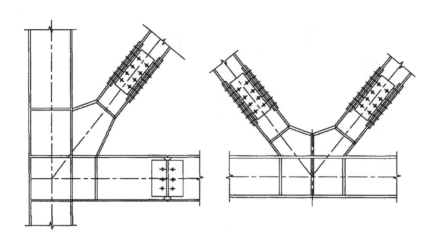

图 5-42 钢支撑

4）楼板的拆分

装配式钢束筒结构可采用工业化程度高的压型钢板组合楼板、钢筋桁架楼承板组合楼板、预制混凝土组合楼板及预制预应力空心楼板等形式。楼板一般按单向板进行拆分，可采用叠合板、后浇筑、结构胶等方式进行预制楼板的拼装。

5）围护系统的拆分

装配式钢束筒结构的围护系统分为外墙板和内墙板。

常见的用于装配式钢结构的外墙板有预制混凝土外墙板、轻钢龙骨外墙板、条板、夹心板、建筑幕墙等。预制混凝土外墙板是在预制厂加工制成的加筋混凝土板型构件，自重较大，用于高层和超高层装配式钢束筒结构较少；轻钢龙骨外墙板有 TCK"快立墙"墙板、汉德邦 CCA 系列板、埃特板和金邦板等，一般以轻钢龙骨、水泥、纤维硅酸盐板材等为骨架，以防火板、有机高分子材料、填充岩棉等组成轻质、高强、防火、保温、隔声的复合外墙体，由于其自重轻，常用于高层、超高层钢结构外墙板。常用的条板包括蒸压轻质加气混凝土板、粉煤灰发泡板、轻质复合墙板等，自重较预制混凝土外墙板轻，隔热、隔音、防火性能较好；夹心板包括金属面板夹芯外墙板、钢丝网架水泥夹心板等，自重较轻，抗弯、抗腐蚀、隔热、防火性能好；建筑幕墙以玻璃幕墙、石材幕墙以及两者结合的情况居多，自重轻，在高层和超高层钢结构建筑中应用较多。

外墙板与结构构件连接分为内嵌、外挂或嵌挂组合。外墙板的拆分尺寸应根据建筑立面和钢结构的特点确定，将构件接缝位置与建筑立面划分相对应，既满足了构件的尺寸控制要求，又将接缝构造与立面要求结合起来。受施工和运输条件的限制，外墙板的拆分一般仅限于一个层高和开间，当构件尺寸过长过高时，结构层间位移对外墙板的内力影响较大。

常见的用于装配式钢结构的内墙板有预制混凝土内墙板、轻钢龙骨隔墙、条板等。预制混凝土内墙板自重较大，隔声和防火性能较好，有实心和空心两种；轻钢龙骨隔墙主要采用木料或轻钢钢材构成骨架,再在两侧做面层,当隔声隔热要求较高时,在龙骨中间填充岩棉、聚苯板等轻质隔热保温材料,轻钢龙骨隔墙具有重量轻、强度较高、耐火性好、通用性强和施工简便等优点,应用较广;常用的条板包括 GRC 轻质隔墙板、硅镁隔墙板(GM)、石膏水泥空心板(SGK)、轻质水泥发泡隔墙板、陶粒混凝土墙板(LCP),自重较轻,隔音、防火等性能较好,也得到了广泛应用。

内墙板的拆分一般仅限于一个层高和开间,并应避免构件尺寸过长过高,否则结构层间位移对内墙板的内力影响较大。

6)楼梯的拆分

装配式钢束筒结构可采用装配式混凝土楼梯或钢楼梯,楼梯与主体结构采用长圆孔螺栓、设置四氟乙烯板等不传递水平作用的连接形式。

5.3.3　装配式钢束筒结构的设计要点

装配式钢束筒结构的设计要点主要包括钢柱的拼接、钢梁的拼接、梁柱连接、主次梁连接、支撑与梁柱连接、楼板连接等。

1)钢柱的拼接

钢柱现场拼接分为焊接、栓焊连接及螺栓连接三种。一般来说,箱型钢柱采用全熔透焊接,工型钢柱可采用翼缘焊接、腹板螺栓连接的栓焊连接以及翼缘、腹板均采用螺栓连接方式。图 5-43 分别给出了箱型钢柱焊接和工型钢柱螺栓连接的形式。

2)钢梁的拼接

装配式钢束筒结构的钢梁拼接是指筒体裙梁的拼接。由于筒体裙梁跨度一般不超过 5 m,跨高比较大,一般将筒体裙梁作为悬臂梁段放在钢柱预制单元中,裙梁在跨中现场拼接。当裙梁跨度较大时,裙梁也可分

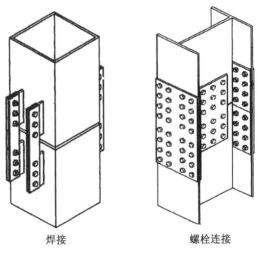

焊接　　　　　螺栓连接

图 5-43　钢柱拼接

为三段,两端作为悬臂梁段放在钢柱预制单元中,中间拆分为单独梁段,在现场拼接。

裙梁现场拼接一般采用栓焊连接、螺栓连接两种(图 5-44)。对于多层结构,一般以螺栓连接居多,高层和超高层建筑结构中,栓焊连接比较常用。拼接位置按裙梁拆分单元一般取悬臂梁段或者跨中。

3)梁柱连接

梁柱连接分为两种情况,一种是筒体裙梁和钢柱的连接,一种是楼层梁与钢柱的连接。

筒体裙梁与钢柱连接视钢柱单元情况而异。当钢柱单元附带悬臂梁段时,梁柱连接

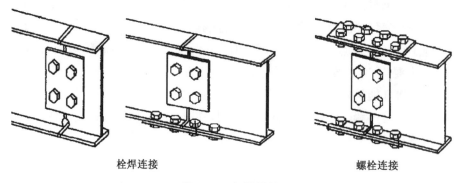

栓焊连接　　　　　　　　　　　螺栓连接

图 5-44　裙梁拼接

在工厂加工制作,一般为焊接,现场为裙梁拼接;当钢柱单元无悬臂梁段时,一般以栓焊为主。不同形式的梁柱连接节点见图 5-45 所示:

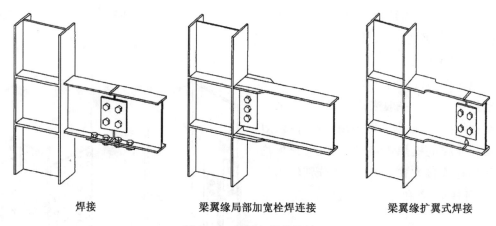

焊接　　　　　　　梁翼缘局部加宽栓焊连接　　　　梁翼缘扩翼式焊接

图 5-45　裙梁与钢柱连接

楼层梁与钢柱的连接,一般采用铰接,在现场采用螺栓连接。

4)主次梁连接

装配式钢束筒结构的主次梁连接,也就是楼层次梁与楼层主梁的连接(图 5-46)。主次梁现场连接一般以螺栓连接为主,仅在某些特殊情况采用栓焊连接。

5)支撑与梁、柱连接

装配式钢束筒结构很少采用支撑,一般仅用于加强层、腰桁架等位置。现场支撑与梁、柱连接一般以螺栓连接为主,在某些特殊情况也可采用栓焊连接(图 5-47)。

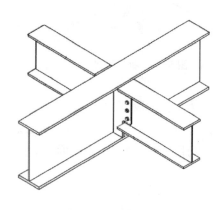

图 5-46　主次梁连接

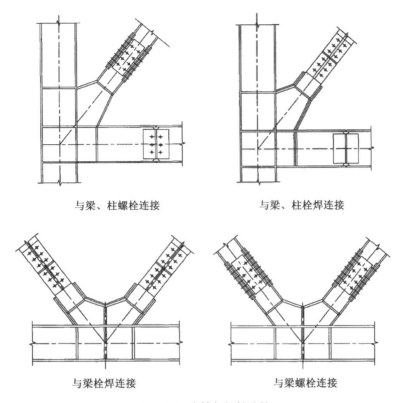

与梁、柱螺栓连接　　　　　　　与梁、柱栓焊连接

与梁栓焊连接　　　　　　　与梁螺栓连接

图 5-47　支撑与梁柱连接

6）楼板连接

装配式束筒结构可以采用压型钢板组合楼板、钢筋桁架楼承板组合楼板、预制混凝土叠合楼板、预制预应力空心楼板等。一般采用预制薄板上现场浇筑混凝土形成叠合楼板。其中，压型钢板组合楼板、钢筋桁架楼承板组合楼板可采用混凝土现浇，也可采用预制薄板、现场浇筑混凝土的形式(图 5-48)；预制混凝土叠合楼板是在钢梁上预制薄板，现场浇筑混凝土形成叠合楼板；预制预应力空心楼板一般也作为预制薄板，现场在预制薄板上浇筑一定厚度的混凝土形成叠合楼板。

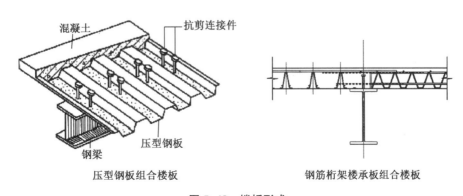

压型钢板组合楼板　　　　　　　钢筋桁架楼承板组合楼板

图 5-48　楼板形式

预制薄板一般为单向板,单块预制板之间预留胡子筋,以便钢筋搭接,在预制板上现浇混凝土形成叠合楼板。当有可靠措施和依据时,也可采用结构胶对预制板进行接缝处理。

7) 其他设计要点

钢束筒结构梁、柱、支撑可按国家现行相关规范进行设计。需要注意的是,在《高层民用建筑钢结构技术规程》(JGJ 99—2015)中,对框筒结构柱轴压比增加了新的要求。抗震等级为一级、二级、三级的框筒结构柱,在地震作用组合下的最大轴压比不超过 0.75;抗震等级为四级的框筒结构柱,在地震作用组合下的最大轴压比不超过 0.80。

5.4 钢结构的防火及防腐措施

5.4.1 钢结构防腐措施

钢结构的防腐方法,根据其抗腐蚀原理主要分为使用耐候钢、金属镀层保护、非金属涂层保护、阴极保护以及采取一些如避免出现难于检查、清刷和油漆之处等构造措施。在一般的多高层钢结构建筑中,普遍采用的是涂装非金属保护层。在涂装之前,为改善涂层与基体间的结合力和防腐蚀效果,需采取措施用机械方法或化学方法对基体表面进行处理,以达到涂装的要求。

1) 钢材表面处理

钢材的表面处理是涂装工程的重要环节,其质量好坏直接影响涂装的整体质量,是涂层会不会过早破坏的主要影响因素,钢结构在涂装前必须进行表面处理。钢材表面处理的主要环节是除锈,钢材除锈处理前,应清除焊渣、毛刺和飞溅等附着物,并应清除基体表面可见的油脂和其他污物。现行国家标准《涂装前钢材表面锈蚀等级和除锈等级》(GB 8923)对涂装前钢结构的表面锈蚀程度和除锈质量等给了明确的评定等级。

未涂装过的钢材表面原始锈蚀程度可分为 A、B、C、D 四个"锈蚀等级":

A 级:全面地覆盖着氧化皮而几乎没有铁锈的钢材表面;

B 级:已发生锈蚀,并且部分氧化皮已经剥落的钢材表面;

C 级:氧化皮已因锈蚀而剥落,或者可以刮除,并且有少量点蚀的钢材表面;

D 级:氧化皮已因锈蚀而全面剥离,并且已普遍发生点蚀的钢材表面。

将未涂装过的钢材表面及全面清除过原有涂层的钢材表面除锈后的质量分为若干个"除锈等级",用代表除锈方法的字母"Sa"(喷射或抛射除锈)或"St"(手工和动力工具除锈)表示,字母后面的阿拉伯数字表示清除氧化皮、铁锈和油漆涂层等附着物的程度等级,主要分 St2, St3, Sa1, Sa2, Sa2.5, Sa3 等除锈等级。具体除锈标准如下,St2 表示除锈后钢材表面应无可见的油脂与污垢,并且没有附着不牢的氧化皮、铁锈及油漆涂层等附着物;St3 表示除锈比 St2 更为彻底,金属底材显露部分的表面应有金属光泽;Sa1 的除锈标准基本同 St2。Sa2 表示钢材表面无可见的油脂与污垢,并且氧化皮、铁锈及油漆涂层等附着物已基本清除，至少有 2/3 面积无任何可见残留物；Sa2.5 表示轧制的氧化皮、锈和附着物残留在钢材表面的痕迹应仅是点状或条状的轻微污痕，至少有 95% 面积无任何可见残留物；Sa3 是使钢材表观洁净的除锈，处理后钢材表面应具有均匀的金属光泽。

钢材表面除锈等级的确定，是涂装设计的重要一环。确定的等级过高会造成人力及财力的浪费，等级过低则会降低涂装质量，起不到应有的防护作用。因此，设计前应综合考虑钢材表面的原始状态、选用的底漆、可能采用的除锈方法、工程造价及要求的涂装维护周期等诸多因素。一般情况下，承重结构不应采用手工除锈的方法，因其质量和均匀度均难以保证，若必须采用时则应严格要求其除锈等级达到 St3 的要求；工程中对于有抗滑移系数要求的以及采用特殊涂装品种的钢构件应按照 Sa2.5 等级处理；普通轻钢类普通防锈涂装的钢构件可按照 Sa2 等级处理。在多高层钢结构中，常选用的除锈等级为 Sa2.5 级。

2）防腐涂料的选用

选用防腐涂料时应视结构所处环境、有无侵蚀介质及建筑物的重要性而定。防腐材料一般有底漆、中间漆和面漆之分。底漆是涂装配套的第一层，直接和底材接触，需成膜粗糙，应与底材有良好的附着力和长效防锈性能，附着力的好坏直接影响防腐涂料的使用质量。因此，底漆应选用防锈性能好、附着力强的品种。中间漆主要起阻隔作用，应具有优异的屏蔽功能，增加腐蚀介质到达底材的难度，中间漆涂刷在底漆之上，隔绝底材与水汽和空气接触，起到保护底材不发生氧化反应的作用，同时延长底漆的老化时间，延长底漆寿命，增加中间漆厚度可加强防腐效果且降低成本（中间漆价格相对底漆和面漆较低），涂层整体的厚度主要依赖底漆和中间漆提供。面漆是涂装配套的最后一道涂层，主要起保护和装饰作用，面漆成膜有光泽，能保护底漆不受大气腐蚀，具有良好的耐候、防腐、耐老化和装饰作用，因此，工程中面漆应选用色泽性好、耐久性优良、施工性能好的品种。根据高层钢结构防火要求高的特点，应选用与防火涂料相配套的底漆，大多选用溶剂基无机富锌底漆，因为此种底漆防锈寿命长，且其本身可耐 500 ℃高温。

此外，用于钢结构防腐蚀涂装工程的材料，其质量和材料性能不得低于现行国家标准《建筑防腐蚀工程施工规范》（GB 50212）或其他相关标准的规定；涂料的质量、性能和检验要求，应符合现行行业标准《建筑用钢结构防腐涂料》（JG/T 224）的规定。同一涂层体系中的各层涂料的材料性能应能匹配互补，并相互兼容结合良好。

3）防腐涂装设计要点

（1）钢材的表面处理会对钢材表面造成一定的微观不平整度，即表面粗糙度，其对漆膜的附着力、防腐蚀性能和保护寿命有很大的影响，为保证漆膜有效的附着力以及漆膜厚度分布的均匀性，避免由于在不平整波峰处的漆膜厚度不足而引起的早期锈蚀，采用防腐蚀涂料涂装时，构件钢材除锈后表面粗糙度宜为 $30 \sim 75 \ \mu m$，且不应大于涂层厚度的 1/3，最大粗糙度不宜超过 $100 \ \mu m$。

（2）涂层系统应选择合理配套的复合涂层方案，涂层设计时应综合考虑底涂层与基材的适应性，涂料各层之间的相容性和适应性，涂料品种和施工方法的适应性；防腐蚀涂装同一配套中的底漆、中间漆和面漆宜选用同一厂家的产品;涂装工序应满足涂层配套产品的工艺要求,涂装层干漆膜总厚度一般在 $125\sim280~\mu m$ 之间,通常室外涂层干漆膜总厚度不应小于 $150~\mu m$,室内涂层干漆膜总厚度不应小于 $125~\mu m$,允许偏差 $-25\sim0~\mu m$。每遍涂层干漆膜厚度的允许偏差为 $-5\sim0~\mu m$。

（3）钢结构节点构造和连接具有多构（板）件交会、夹角与间隙小和开孔开槽等特点,易积尘、积潮且不易维护,是锈蚀起始的源头,设计时应选择合理的连接构造,提高结构的防护能力。设计时钢结构杆件与节点的构造应便于涂装作业及检查维护;组合构件中零件之间需维护涂装的空隙不宜小于 $120~mm$;构件设有加劲肋处,其肋板应切角;构件节点的缝隙、外包混凝土与钢构件的接缝处以及塞焊、槽焊等部位均应以耐腐蚀型密封胶封堵。

（4）工地焊接部位的焊缝两侧宜采用坡口涂料临时保护,坡口涂料是一类含有较高锌粉、具有可焊性能的特种防腐蚀涂料;若采用其他防腐蚀涂料时,宜在焊缝两侧留出暂不涂装区,其宽度为焊缝两侧各 $100~mm$,待工地拼装焊接后,对预留部分按构件涂装的技术要求重新进行表面清理和涂装施工。

（5）对设计使用年限不小于 25 年、环境腐蚀性等级大于 IV 级其使用期间不能重新涂装的钢结构部位,结构设计时可根据计算留有适当的腐蚀余量。

5.4.2　钢结构防火措施

火灾产生的高温对钢材性能特别是力学性能具有显著的影响。随着温度的升高,钢材的屈服点、弹性模量和承载能力等将会降低,且屈服台阶变得越来越小,在温度超过 300 ℃后,已无明显的屈服极限和屈服平台;当温度超过 400 ℃后,钢材的屈服强度和弹性模量急剧下降;当温度达到 500 ℃,钢材开始逐渐丧失承载能力。建筑物的火灾温度可达 $900\sim1~000$ ℃,因此,必须采取防火保护措施,才能使建筑钢结构及构件达到规定的耐火极限。

1）耐火极限

在不同的耐火等级下,我国规范对建筑物各构件的耐火极限做出规定,如表 5-6 所示:

表 5-6　构件的设计耐火极限　　　　　　　(h)

构件名称	耐火等级					
	单、多层建筑				高层建筑	
	一级	二级	三级	四级	一级	二级
承重墙	3.00	2.50	2.00	0.50	2.00	2.00
柱 柱间支撑	3.00	2.50	2.00	0.50	3.00	2.50
梁 桁架	2.00	1.50	1.00	0.50	2.00	1.50

构件名称	耐火等级						
	单、多层建筑						高层建筑
	一级	二级	三级		四级		一级	二级
楼板楼面支撑	1.50	1.00	厂、库房	民用房	厂、库房	民用房	1.50	1.00
			0.75	0.50	0.50	不要求		
屋盖承重构件屋面支撑、系杆	1.50	0.50	厂、库房	民用房	不要求			
			0.50	不要求				
疏散楼梯	1.50	1.00	厂、库房	民用房	不要求			
			0.75	0.50				

当单、多层一般公共建筑和居住建筑中设有自动喷水灭火系统全保护时,各类构件的耐火极限可按表中相应的规定降低 0.5 h;当多、高层建筑中设有自动喷水灭火系统保护(包括封闭楼梯间、防烟楼梯间),且高层建筑的防烟楼梯间及其前室设有正压送风系统时,楼梯间中的钢构件可不采取其他防火保护措施。

2)防火措施和防火材料

钢结构构件的防火保护措施主要有喷涂防火涂料和包敷不燃材料两种。包敷不燃材料包括:在钢结构外包敷防火板,外包混凝土保护层,金属网抹砂浆或砌筑砌体等措施来达到相应的耐火极限。目前在工程建设中,对于有较高装饰要求的梁柱等主要承重构件,建议采用包敷不燃材料或采用非膨胀型(即厚型)防火涂料,也可以采用复合防火保护,即在钢结构表面涂敷防火除料或采用柔性毡状隔热材料包覆,再用轻质防火板作饰面板,这种措施既能保护钢结构构件的防火安全性,又能保证建筑使用的美观。

钢结构防火涂料是指施涂于钢结构表面,能形成耐火隔热保护层以提高钢结构耐火性能的一类防火材料,根据高温下钢结构防火涂层遇火变化的情况可分为膨胀型和非膨胀型两大类。膨胀型防火涂料又称为薄型防火涂料,这种涂料具有较好的装饰性,涂层厚度一般小于 7 mm,其基料为有机树脂,配方中还包含发泡剂、阻燃剂和成炭剂等成分。当温度达到 150~350 ℃时,涂层会迅速膨胀 5~10 倍形成多孔碳质层,从而阻挡外部热源对基材的传热,形成绝热屏障,耐火极限可达 0.5~1.5 h。非膨胀型防火涂料又称厚型防火涂料、隔热型防火涂料,涂层厚度为 10~50 mm,其主要成分为无机绝热材料(如膨胀蛭石、矿物纤维等),遇火不膨胀,自身有良好的隔热性,耐久性好,耐火极限可达 0.5~3 h。工程中选用的防火涂料必须是通过国家检测机关检测合格、消防部门认可的产品,所选用防火涂料的性能、涂层厚度、质量要求应符合现行国家标准《钢结构防火涂料》(GB 14907)和现行国家标准《钢结构防火涂料应用技术规范》(CECS 24)的规定。

防火板的防火性能和外观装饰性好,且施工为干作业,具有抗碰撞、耐冲击、耐磨损的优点,尤其适用于钢柱的防火保护。防火板根据其使用厚度主要分防火薄板和防火厚板两类。防火薄板主要包括纸面石膏板、纤维增强水泥压力板、纤维增强普通硅酸钙防火板和各种玻璃布增强的无机板等品种,使用厚度一般为 6～15 mm 之间,这类板材的使用温度不大于 600 ℃,不能单独作为钢结构的防火保护板,通常和防火涂料配合用作复合防火保护的装饰面板。防火厚板主要包括硅酸钙防火板和膨胀蛭石防火板两种,使用厚度在10～50 mm 之间,使用温度可在 1 000 ℃以上,其本身具有优良的耐火隔热性,可直接用于钢结构的防火,提高钢结构的耐火时间。

外包混凝土、砂浆或砌筑砌体这种防火方法虽然具有强度高、耐冲击、耐久性好的优点,但由于其占用的空间大,现场有湿作业,施工较为麻烦,特别是用在钢梁或斜撑等部位时,施工更是困难,所以目前在钢结构防火应用上具有一定的局限性。

3）防火措施注意要点

（1）高层建筑钢结构和单、多层钢结构的室内隐蔽构件,当规定其耐火极限在 1.5 h以上时,应选用非膨胀型钢结构防火涂料。

（2）室内裸露钢结构、轻钢屋盖钢结构及有装饰要求的钢结构,当规定其耐火极限在1.5 h 以下时,可选用膨胀型钢结构防火涂料;当钢结构耐火极限要求在 1.5 h 及以上,以及室外的钢结构工程,不宜选用膨胀型钢结构防火涂料。

（3）当钢结构采用非膨胀型防火涂料进行防火保护时,对承受冲击、振动荷载的构件,涂层厚度不小于 30 mm 的构件,腹板高度超过 500 mm 的构件,涂层幅面较大且长期暴露在室外的构件,以及采用的防火涂料粘结强度不大于 0.05 MPa 的构件等,在防火涂层内应设置于钢构件相连接的钢丝网。

（4）装饰要求较高的室内裸露钢结构,特别是钢结构住宅、设备的承重钢框架、支架、底座易被碰撞的部位,规定其耐火极限在 1.5 h 以上时,宜选用钢结构防火板材。

（5）钢结构采用包敷防火板材进行防护时,除了防火板本身为不燃材料,固定防火板的龙骨及粘结剂亦应为不燃材料。龙骨应便于与构件及防火板连接,粘结剂在高温下应能保持一定的强度,保证防火结构的稳定和包敷完整。

（6）钢结构采用外包混凝土、金属网抹砂浆或砌筑砌体保护时,外包混凝土的强度等级不宜低于 C20,且混凝土内宜配置构造钢筋;砂浆的强度等级不宜低于 M5,金属丝网的网格不宜大于 20 mm,丝径不宜小于 0.6 mm,砂浆的最小厚度不宜小于 25 mm;砌筑砌体时,砌块的强度等级不宜低于 MU10。

（7）对钢管混凝土柱构件,为保证发生火灾时钢管柱内核心混凝土中水蒸气的排放,每个楼层的柱均应设置直径为 20 mm 的排气孔,其位置宜在柱与楼板相交处的上方和下方各 100 mm 处,并沿柱身反对称布置。

第**6**章
装配式钢框架−支撑结构实例

6.1 安徽蚌埠某公租房项目

6.1.1 工程概况

本项目为保障性公租住房,位于安徽省蚌埠市禹会区。项目总的占地面积约 10.87 万 m², 总建筑面积 35 万 m², 是蚌埠市投资开发的面向工薪阶层的住宅小区和公租房。为响应国家大力发展钢结构和装配式建筑,积极推广绿色建筑和建材的号召,促进钢结构住宅产业化的发展,蚌埠市将其中的五栋公租房约 5.3 万 m² 作为建筑产业化试点项目,也是安徽省首个钢结构保障房项目。公租房位置见图 6-1 点画线标识。

图 6-1 安徽蚌埠某公租房项目效果图

此五栋公租房户型基本相同,地下 1 层,地上 18 层,住宅层高 2.9 m,建筑高度约 53 m,地下一层为自行车库。下面选取其中 1# 楼为实例进行介绍。

1# 楼主体结构为钢框架-支撑结构体系,楼面采用钢筋桁架楼承板组合楼板,外墙采用预制夹心保温外墙板,内隔墙采用成品陶粒混凝土轻质墙板,楼梯采用预制混凝土梯段板,卫生间和厨房采用的是成品整体卫生间和整体厨房系统。

6.1.2 结构设计及分析

1)平面布置与功能要求

1#楼标准层平面布置及效果图见图 6-2 和图 6-3 所示。

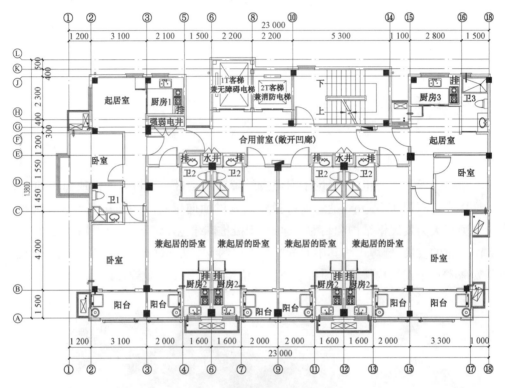

图 6-2　1#楼标准层平面布置图

图 6-3　1#楼效果图

1#楼公租房的平面布置主要有一室(35 m²)和二室(50～60 m²)两种户型,每户均设有厨房、卫生间、阳台,功能完备,每个单元设有两部电梯,一部剪刀楼梯。带有一层地下室,地下室层高3.9 m,地上每层层高均为2.9 m,房屋总高度为52.5 m。

2)方案比选及指标控制

本项目所处蚌埠市抗震设防烈度为7度,设计分组为第一组,地震动加速度为0.1g,基本风压0.35 kN/m²,房屋总高度52.5 m,钢结构框架抗震等级为三级,场地土类别为Ⅱ类,地面粗糙度类别为B类。为了满足住宅结构低用钢量,高抗震性要求,结合工程建筑高度和建筑平面布置特点,在结构方案选择分析时,主要考虑了钢框架结构和钢框架-支撑结构两种体系进行比选,为提高框架柱的抗压承载力和防火性能,框架柱采用了矩形钢管混凝土柱。为方便梁的截面选择,梁采用焊接 H 型钢梁。结构方案比选分析时,主要参考的规范以及弹性层间位移角限值如表6-1所示:

表 6-1　参考规范及相关位移角限值

规范	弹性层间位移角限值	
	地震作用	风荷载作用
《钢结构住宅设计规范》 CECS 261:2009	1/300	1/400
《矩形钢管混凝土结构技术规程》 CECS 159:2004	1/300	1/400
《建筑抗震设计规范》 GB 50011—2010	1/250	—
《高层民用建筑钢结构技术规程》 JGJ 99—2015	1/250	1/250

本工程是公租房住宅项目,考虑建筑在风荷载作用下舒适度以及维护墙体的变形,设计时从严将地震作用下的位移角限值取1/300,风荷载作用下的位移角限值取1/400。另外,《高层民用建筑钢结构技术规程》(JGJ 99—2015)规定纯钢框架结构的刚重比限值为5,纯钢框架-支撑的刚重比限值为0.7;混凝土结构考虑混凝土开裂其弹性刚度折减50%,《高层建筑混凝土结构技术规程》(JGJ 3—2010)规定混凝土框架结构的刚重比限值为10,混凝土框架-剪力墙结构的刚重比限值为1.4。本工程柱子采用钢管混凝土柱,《矩形钢管混凝土结构技术规程》(CECS 159:2004)中考虑混凝土开裂及徐变影响而将其弹性刚度折减80%,因此本工程方案比选时,矩形钢管混凝土框架结构的稳定性验算的刚重比限值取7;矩形钢管混凝土框架-支撑结构的刚重比限值取1.0。

钢框架结构体系布置时,结构柱网布置见图6-4所示,选择两种布置方案进行分析。

(1)钢框架结构方案一

综合考虑框架柱的轴压比、应力比、稳定系数、结构的刚度中心以及用钢经济性,底层框架柱的截面尺寸主要采用(mm×mm×mm)400×400×12、350×350×8两种,上部分

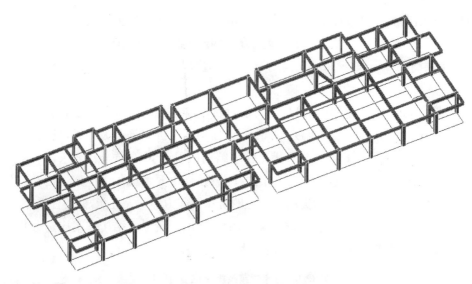

图 6-4　钢框架结构布置方案

截面逐渐变为(mm×mm)350×10,350×8,300×8 几种形式,电梯间的框架柱底层采用 200 mm×200 mm×10 mm 的方钢管柱,上部变为 200 mm×200 mm×8 mm 的方钢管柱;考虑经济性和砌墙后不露梁,框架梁尺寸选取同跨度相关,截面高度范围从 300~500 mm,截面宽度为 150 mm 左右,节点处框梁高度未统一,但控制高差在 150 mm 范围内。不考虑楼板用钢量,模型计算考虑节点板后的钢结构的用钢量约为 66 kg/m²。模型计算结果如表 6-2~表 6-4 所示:

表 6-2　振型及周期(钢框架方案一)

振型	周期(s)	转角(°)	平动系数	扭转系数
1	3.510	179.77	0.99(0.99+0.00)	0.01
2	3.257	89.80	1.00(0.00+1.00)	0.00
3	3.040	4.07	0.01(0.01+0.00)	0.99

表 6-3　结构底部地震剪力、地震倾覆力矩和刚重比(钢框架方案一)

底部地震剪力(kN)		底部地震倾覆力矩(kN·m)		刚重比	
X 向	Y 向	X 向	Y 向	X 向	Y 向
1 597.88	1 678.72	69 454.9	69 644.2	7.68	8.34

表 6-4　水平荷载作用下的位移角和位移比(钢框架方案一)

风荷载作用下的弹性位移角			地震作用下的弹性位移角			规定水平力下楼层最大位移比	
X 向	Y 向	规范限值	X 向	Y 向	规范限值	X 向	Y 向
1/1 158	1/455	≤1/400	1/448	1/490	≤1/300	1.04	1.22

（2）钢框架结构方案二

考虑框架柱加工安装的方便性，框架柱选择统一截面，均采用 350 mm×350 mm 的钢管混凝土柱，通过改变柱厚满足柱承载力及刚度要求，框柱截面厚度从下至上变化范围为16～8 mm；框架梁的布置及截面同方案一。不考虑楼板用钢量，模型计算考虑节点板后的钢结构的用钢量约为 68 kg/m²，用钢量略有增加。模型计算结果如表 6-5～表 6-7 所示：

表 6-5　振型及周期（钢框架方案二）

振型	周期(s)	转角(°)	平动系数	扭转系数
1	3.531	179.72	0.99(0.99+0.00)	0.01
2	3.326	89.76	1.00(0.00+1.00)	0.00
3	3.074	5.12	0.01(0.01+0.00)	0.99

表 6-6　结构底部地震剪力、地震倾覆力矩和刚重比（钢框架方案二）

底部地震剪力(kN)		底部地震倾覆力矩(kN·m)		刚重比	
X 向	Y 向	X 向	Y 向	X 向	Y 向
1 616.75	1 688.57	69 480.3	69 897.5	7.40	7.72

表 6-7　水平荷载作用下的位移角和位移比（钢框架方案二）

风荷载作用下的弹性位移角			地震作用下的弹性位移角			规定水平力下楼层最大位移比	
X 向	Y 向	规范限值	X 向	Y 向	规范限值	X 向	Y 向
1/1 245	1/457	≤1/400	1/456	1/574	≤1/300	1.04	1.22

从表中数据分析可知，在两种方案结构整体刚度相当的前提下，从节省用钢量的角度，根据实际受力大小，框架柱在竖向选择变截面的方式较为有效；但从工厂加工制作、现场安装以及后期装修的角度，框架柱竖向选择同一截面，仅变化厚度更为方便。方案二框架柱截面统一，虽然用钢量略有增加，但由于钢结构构件的加工安装成本较低，综合效益明显。因此，当框架柱沿楼层变化较小时，建议钢柱从下至上采用统一截面。

在钢框架方案比较的基础上，钢框架-支撑体系中框架柱竖向选择同一截面，仅变化截面厚度来满足承载力和刚度要求，主要考虑支撑的布置方式，选择两种支撑布置方案进行比选。

（1）钢框架-支撑体系方案一

沿建筑的两个方向均布置了支撑，因公租房建筑平面纵向门窗洞口较多，限制了支撑的布置，方案一的纵向支撑结合电梯间、楼梯间墙布置在建筑平面的一侧（北侧），为避免结构刚度中心偏置，横向支撑布置偏向于建筑平面的另一侧（南侧），支撑结构的形式主要采用人字形和单斜杆中心支撑，具体布置见图 6-5 所示。柱网布置同钢框架结构方案二，均采用 350 mm×350 mm 的钢管混凝土柱,因设置了支撑,底层框架柱的截面厚度可减小,框柱截面厚度从下至上变化范围为 14~8 mm;框架梁和电梯间框架柱的截面亦同钢框架结构方案二,支撑采用的是 180 mm×180 mm×10 mm 方钢管支撑。按钢框架-支撑结构设计,不考虑楼板用钢量,模型计算考虑节点板后的钢结构的用钢量约为 59.73 kg/m²。模型计算结果见表 6-8~表 6-10 所示。

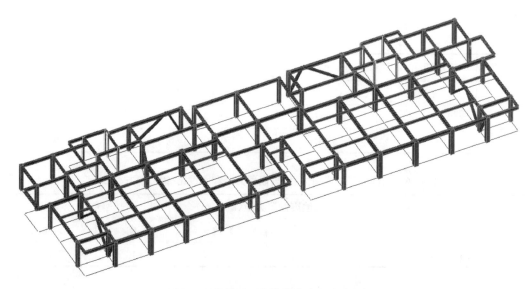

图 6-5　钢框架-支撑结构布置方案一

表 6-8　振型及周期(钢框架-支撑方案一)

	周期(s)	转角(°)	平动系数	扭转系数
1	3.194	0.02	0.99(0.99+0.00)	0.01
2	2.617	90.03	1.00(0.00+1.00)	0.00
3	2.130	1.13	0.01(0.01+0.00)	0.99

表 6-9　结构底部地震剪力、地震倾覆力矩和刚重比(钢框架-支撑方案一)

底部地震剪力(kN)		底部地震倾覆力矩(kN·m)		刚重比	
X 向	Y 向	X 向	Y 向	X 向	Y 向
1 661.16	1 809.37	69 165.5	69 302.9	1.56	2.26

表 6-10　水平荷载作用下的位移角和位移比(钢框架-支撑方案一)

风荷载作用下的弹性位移角			地震作用下的弹性位移角			规定水平力下楼层最大位移	
X 向	Y 向	规范限值	X 向	Y 向	规范限值	X 向	Y 向
1/1 453	1/669	≤1/400	1/582	1/631	≤1/300	1.05	1.18

（2）钢框架-支撑结构方案二

工程中因纵向门窗洞口较多,纵向中心支撑布置困难时,布置纵向偏心支撑是一种选择,但当柱网跨度较大时,布置偏心支撑可能导致耗能梁段较长,耗能梁段弯曲耗能不经济。因此,方案二依然布置纵向中心支撑,且结合建筑平面,将纵向支撑近似布置在平面的中部,但借鉴规范中拉链柱的概念,在支撑与梁节点位置主梁下增设摇摆柱,因此种布置纵向支撑的刚度偏置小,相对于方案一,调节刚度的横向单斜杆支撑取消,同时底部几层纵向支撑因刚度要求为交叉支撑,摇摆柱的设置使得上部支撑的形式可改为单斜杆支撑,具体布置见图 6-6 所示。在此布置方案中,钢框架梁柱截面尺寸的选择基本同框架-支撑方案一,支撑与摇摆柱均为 180 mm×180 mm×10 mm 方钢管。不考虑楼板用钢量,模型计算考虑节点板后的钢结构的用钢量约为 59.5 kg/m²。模型计算结果见表 6-11～表 6-13 所示。

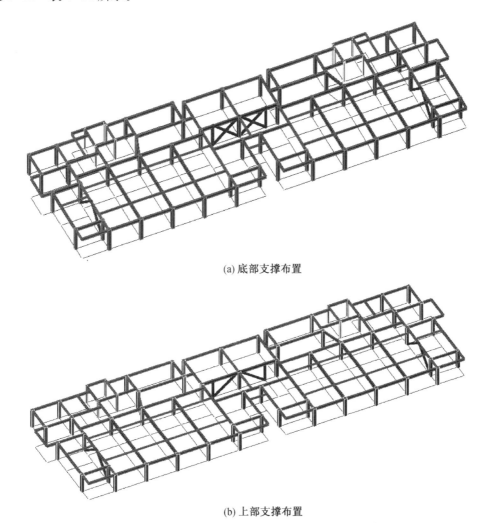

(a) 底部支撑布置

(b) 上部支撑布置

图 6-6　钢框架-支撑结构布置方案二

表 6-11　振型及周期(钢框架-支撑方案二)

振型	周期(s)	转角(°)	平动系数	扭转系数
1	3.250	179.97	1.00(1.00+0.00)	0.00
2	2.654	89.97	1.00(0.00+1.00)	0.00
3	2.207	6.10	0.00(0.00+0.00)	1.00

表 6-12　结构底部地震剪力、地震倾覆力矩和刚重比(钢框架-支撑方案二)

底部地震剪力(kN)		底部地震倾覆力矩(kN·m)		刚重比	
X 向	Y 向	X 向	Y 向	X 向	Y 向
1 677.02	1 785.46	69 176.3	69 287.3	1.52	2.19

表 6-13　水平荷载作用下的位移角和位移比(钢框架-支撑方案二)

风荷载作用下的弹性位移角			地震作用下的弹性位移角			规定水平力下楼层最大位移	
X 向	Y 向	规范限值	X 向	Y 向	规范限值	X 向	Y 向
1/1 354	1/640	≤1/400	1/588	1/675	≤1/300	1.02	1.18

钢框架-支撑结构两种方案的数据分析可知,方案二的布置方案的结构总体刚度及总用钢量与钢框架-支撑方案一相差不大,摇摆柱的设置是解决纵向支撑布置困难非常具有可行性的方案。

综合分析两种结构体系的计算结果可以看出,对设防烈度为 7 度的 18 层钢结构住宅,无论采用钢框架结构体系还是采用钢框架-支撑结构体系,模型计算的各项计算参数均能满足设计要求,但钢框架-支撑结构体系由于支撑的设置,能提供较大的抗侧移刚度,更为经济合理。本工程最终选择采用框架-支撑体系。

6.1.3　主要构件及节点设计

本项目的主要构件包括钢管混凝土柱、钢梁、钢支撑、钢筋桁架楼承板组合楼板等,节点连接主要包括梁柱连接、支撑节点等。

1) 钢管混凝土柱

本项目采用方钢管混凝土柱,钢材为 Q345B,内灌 C40 无收缩混凝土。钢柱按 3 层为一个安装单元,分段位置在楼层梁顶标高以上 1.2 m;设计时考虑了混凝土浇筑前,分段钢管柱在施工荷载作用下的强度和稳定性,即满足钢管混凝土柱的钢管在施工阶段轴向应力不应大于其抗压强度设计值的 60%,并应符合稳定性验算的规定。施工时,对钢管混凝土柱施工提出的注意事项如下:

(1) 矩形钢管构件制作完毕后,运输、吊装以及吊装完毕浇筑混凝土前,应将其管口包封,防止异物和雨水落入管内,以保持管内清洁;组装焊接处的连接接触面及沿边缘30~50 mm 范围内的铁锈、毛刺、污垢等,应在组装前清除干净;柱与柱接头焊接时,应由两名或多名焊工在相对称位置以相等速度同时施焊。

（2）钢管柱在安装时，应在就位后随即进行校正和永久固定，以保证安装质量；构件吊装可采用在整个流水段内先柱后梁，或局部先柱后梁的顺序，单柱不得长时间处于悬臂状态，对已安装的构件，要保证在当天形成稳定的空间体系，以防止因刮风、下雨或下雪而造成破坏。

（3）结构安装时，应注意日照、焊接等温度变化引起的热影响对构件的伸缩和弯曲引起的变化，并在安装中采取相应的技术措施调整因此引起的偏差；高层钢结构安装时还应分析竖向压缩变形对结构的影响，并应根据结构特点和影响程度采取预调安装标高，设置后连接构件等相应措施。

（4）钢管柱内混凝土的浇筑宜采用导管浇筑法，也可采用泵送顶升浇筑法或手工逐段浇筑法；钢管混凝土柱内的混凝土宜采用无收缩混凝土，同时宜连续浇筑，当必须间歇时，间歇时间不得超过混凝土的终凝时间。

（5）矩形钢管混凝土结构内混凝土的浇筑质量，可采用敲击钢管法来检查其密实度；对于重要构件或部位，应采用超声波法进行检测。对于混凝土不密实的部位，应采用局部钻孔压浆法进行补强，然后将钻孔补焊封固。

2）钢梁

本工程梁采用焊接 H 型钢梁，钢材为 Q345B，梁截面最大尺寸为 H500 mm×150 mm×10 mm×10 mm。钢框架梁与柱接头为腹板栓接、翼缘焊接的连接形式。施工时按先栓后焊的方式进行；高强度螺栓按从螺栓群中部开始、向四周扩展的拧紧顺序，逐个拧紧；梁与柱接头的焊缝，先焊梁的下翼缘板，再焊上翼缘板；先焊梁的一端，待其焊缝冷却至常温后，再焊另一端。

3）楼板

本项目采用钢筋桁架楼承板组合楼板。将楼承板的镀锌底板更换为可拆卸的木模板体系，解决了楼承板镀锌板底模的室内装修问题；为配合木模板桁架楼承板的施工，采用了新型的可调节式桁架支撑脚手架。楼承板的木模板和桁架支撑脚手架见图 6-7 所示。考虑环保和模板的周转使用，木模板也可用厚钢板模板代替，钢模板和连接件拆装方便，可多次重复利用，符合国家节能环保的要求。

(a) 木模板　　　　　　　　(b) 桁架支撑脚手架

图 6-7　钢筋桁架楼承板组合楼板

4) 梁柱节点

本工程钢管柱采用成品钢管,梁柱节点采用了外伸内隔板式的刚性连接节点。矩形钢管内设隔板,隔板贯通钢管壁,钢管与隔板焊接;钢梁腹板与柱钢管壁通过连接板采用摩擦型高强螺栓连接,钢梁翼缘与外伸的内隔板焊接,见图6-8所示:

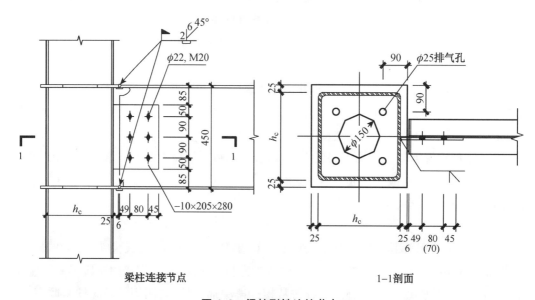

梁柱连接节点   1—1剖面

图6-8 梁柱刚性连接节点

抗震设计的多高层民用建筑钢结构,节点连接应满足"强节点弱杆件"的设计原则,连接节点的承载力设计值不应小于相连构件的承载力设计值;连接节点的极限承载力应大于构件的全塑性承载力,否则应对节点连接采取加强措施,如按《高层民用建筑钢结构技术规程》采用梁翼缘扩翼式连接、梁翼缘局部加宽式连接或加盖板式连接等。

5) 支撑及支撑节点

本工程支撑均采用方钢管 180 mm×180 mm×10 mm,支撑结构形式包括人字形中心支撑和单斜杆中心支撑两种。

考虑现场安装的精度要求和施工的方便性,支撑与梁柱采用焊接连接,与支撑相连的节点板厚度为 14 mm,节点形式见图6-9所示。

支撑施工时提出的注意事项如下:

(1) 为保证设置方钢管支撑的户间隔音效果,应在支撑钢管内填充轻质隔音材料;

(2) 方钢管支撑斜杆与梁柱节点连接采用刚接,通过节点板处四条角焊缝等强连接,并在柱内及梁的相应位置设置了 T 形锚板和加劲肋;

(3) 支撑节点处的梁柱连接应采用带短悬臂梁的栓焊连接构造,并预先焊有与支撑现场连接的节点板;

(4) 钢管支撑端部需用 6 mm 厚钢板封头。

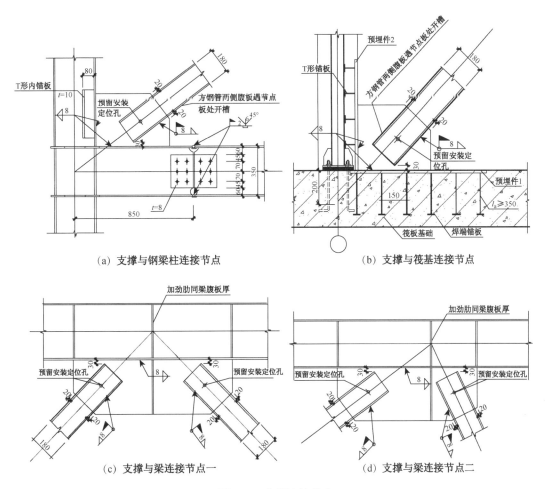

(a) 支撑与钢梁柱连接节点　　　　　　(b) 支撑与筏基连接节点

(c) 支撑与梁连接节点一　　　　　　(d) 支撑与梁连接节点二

图 6-9　支撑连接节点

6) 钢构件的防腐防火

本工程为钢结构住宅,钢结构构件处于轻微腐蚀环境,所采取的防腐防火措施为:

(1) 全部钢构件应进行喷砂或抛丸除锈质量等级达到 Sa2.5 级以上,应满足《涂装前钢材表面锈蚀等级和除锈等级》(GB 8923)的规定。

(2) 钢构件的涂装方案根据耐火极限分为两种情况:

① 耐火极限≤1.5 h 的钢构件

a. 环氧富锌底漆两遍 80 μm 厚;b. 环氧云铁中间漆两遍 120 μm 厚;c. 膨胀型(薄型)防火涂料,厚度按耐火极限确定。

② 耐火极限>1.5 h 的钢构件

a. 环氧富锌底漆两遍 80 μm 厚;b. 环氧云铁中间漆两遍 120 μm 厚;c. 隔热型(厚型)防火涂料,厚度按耐火极限确定。

以上最低防腐、防火年限为 15 年,超过 15 年应进行防腐、防火评定,以确定是否进行防腐、防火修复处理。以上材料,厂家应提供防腐、防火年限的质量保证。该产品应经设计方的认可。后期装修过程中严禁破坏钢结构的涂装体系。

（3）下列部位禁止涂漆：

① 高强度螺栓连接的摩擦接触面；

② 构件安装焊缝处应留出 30～50 mm 暂不涂装，等安装完成后再补涂；

③ 需外包混凝土的钢柱；

④ 钢梁上翼缘与现浇混凝土楼板接触部位；

⑤ 埋入混凝土的钢构件表面及构件坡口全熔透部位均不允许涂刷油漆或有油污。

（4）在运输安装过程中涂装损伤部位以及施工焊缝施工完毕尚未涂装部位均应按第（2）条进行补涂，经检查合格后的高强度螺栓连接处，亦应按以上要求进行涂装。

（5）防火涂料必须选用通过国家检测机关检测合格、消防部门认可的产品，所选用防火涂料的性能、涂层厚度、质量要求应符合现行国家标准《钢结构防火涂料》（GB 14907）和现行国家标准《钢结构防火涂料应用技术规范》（CECS 24）的规定。

6.1.4 围护及部品件的设计

1）围护墙体

本工程围护体系外墙采用 150 mm 厚预制混凝土夹心保温外挂墙板，分户墙为 200 mm 厚陶粒混凝土内墙板，其余内墙为 120 mm 厚陶粒混凝土内墙板。

预制混凝土夹心保温外挂墙板由内外混凝土面板和中间的保温层组成，两侧的混凝土面板采用 50 mm 厚 C30 的普通混凝土，中间保温层采用 50 mm 厚聚苯乙烯挤塑板（XPS 板）或聚苯乙烯发泡板（EPS 板）。复合墙板两侧的混凝土面板与中间保温层通过 4 mm 斜插钢丝（斜 45°）复合在一起，斜插钢丝两端与两侧的混凝土面板中的钢丝网片搭接，锚固于混凝土面板中，斜插钢丝双向交替布置相邻两列间距为 100 mm。复合墙板两侧的混凝土面板中布置有直径为 3 mm 的冷拔低碳钢丝网片，钢丝间距为 50 mm，钢丝网片的保护层厚度为 15 mm。图 6-10 为外挂墙板示意图。从墙板的构造可知，此墙板强度高、耐久性好，具有良好的保温、隔音和防水性能，但不可否认的是，混凝土面板的使用使得墙体的自重过大，与钢结构的轻质高强不甚匹配。

外挂墙板在进行墙板布置时需综合考虑建筑、结构方案设计，并结合建筑的门窗以及安装防水等因素，布置原则如下：

（1）考虑建筑立面效果，墙板的竖向分隔缝尽量设置在柱子的中间。

（2）为方便生产，节省成本，墙板规格尽量统一，即钢结构设计时应考虑柱网尺寸的模数和统一。

（3）墙板拆分处尽量避开窗户，以免形成悬臂结构。

本工程标准层预制混凝土外挂墙板立面布置见图 6-11 所示。

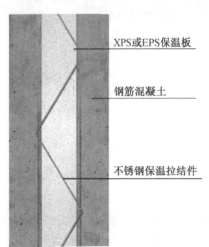

XPS或EPS保温板

钢筋混凝土

不锈钢保温拉结件

图 6-10 外挂墙板示意图

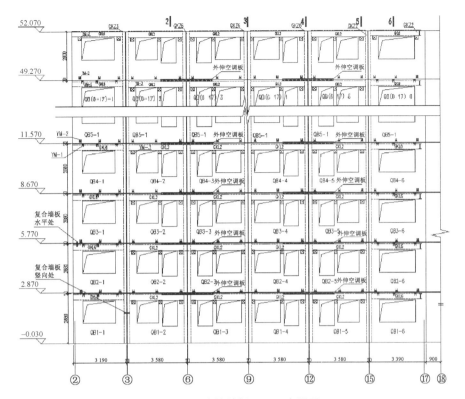

图 6-11 外挂墙板正立面布置图

外墙板与主体结构之间采用下托上拉式节点连接,见图 6-12 所示。复合墙板的上、下节点均与钢梁上翼缘连接,上节点与钢梁上翼缘采用 10.9 级的 M20 摩擦型高强螺栓连接,下节点与本层钢梁的上翼缘进行工厂焊接,上下节点与复合墙板中的预埋件通过螺栓连接。

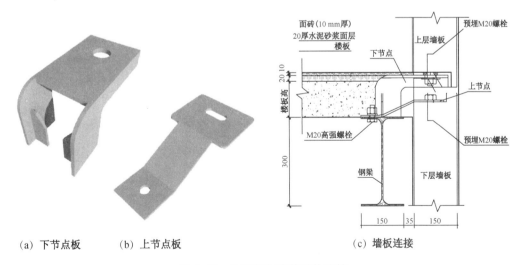

(a) 下节点板　　(b) 上节点板　　　　　　　　(c) 墙板连接

图 6-12 外墙板与主体结构连接

预制混凝土外挂墙板自身防水性能较好,但外挂墙板的接缝处是容易出现渗水的薄弱环节。本工程在墙板的竖向和水平接缝处的防水处理,采用材料防水和构造防水结合

的做法,具体见图 6-13 所示:

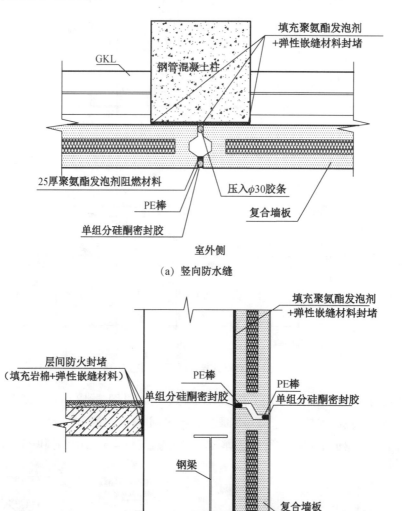

（a）竖向防水缝

（b）水平防水缝

图 6-13　墙板防水连接构造图

2）阳台和楼梯

本工程采用封闭阳台,框架柱布置在建筑的外围,外挂墙板布置在阳台的外侧,因此本工程的阳台均是和楼板一起,采用现浇钢筋桁架楼承板。

除地下室外,本工程楼梯其余均采用预制混凝土板式楼梯,楼梯的梯段与休息平台板一起预制,见图 6-14 所示。预制梯板与钢梁之间采用栓钉连接,梯板预制时预留栓钉孔,安装时将梯板放置于准确位置后,在孔中栓钉上部灌入灌浆料,静置养护。预制梯板与钢梁连接方式见图 6-15(a)所示。预制楼梯的休息平台板与钢梯梁连接处,考虑到栓钉等抗剪件提供的抗剪承载力可能不足，为防止梯段板滑落，在梯段平台板板端包有钢端板，端板与翼缘焊接，厚度同钢梁翼缘，见图 6-15(b)。

图 6-14 梯段与平台板整体预制的楼梯

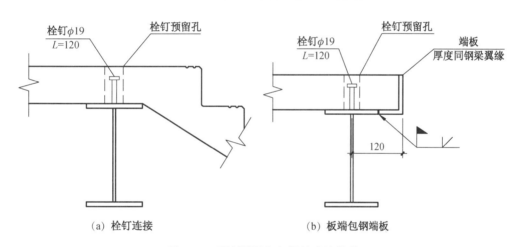

（a）栓钉连接   （b）板端包钢端板

图 6-15 预制楼梯与钢梁的连接构造

由于地下室层高略高于上面各层，考虑构件预制的模数化，减少模板类型，降低预制成本，采用钢楼梯（图 6-16）。钢楼梯采用 6 mm 花纹钢钢折板做踏板，上浇水泥砂浆，梯段板用通过∟180 mm×110 mm×10 mm 槽钢焊预埋件与混凝土梁连接，具体连接方式见图 6-17 所示。

3）厨房和卫生间

卫生间和厨房的设计是钢结构设计过程中比较重要的环节，一是防水问题，因为钢结构材料的防腐能力相对较弱，而卫生间和厨房是住宅中用水最多的地方，所以这两处的防水处理十分重要。二是厨房和卫生间的用品比较多，例如热水器、抽排油烟机等，而装配式钢结构住宅的轻质条板内墙一般强度较低，负载能力差。本工程的卫生间采用成品整体卫生间，厨房采用整体厨房，避免了住户入住后的个性装修对卫生间和厨房防水及墙体的破坏。

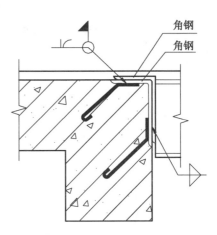

图 6-16　钢楼梯　　　　　　图 6-17　槽钢与混凝土梁连接

6.1.5　相关构件及围护墙体施工现场照片

本工程主体结构施工情况,包括主体框架施工、钢管混凝土柱的拼接、梁柱连接、梁柱与墙板的连接、支撑、支撑与梁的连接、钢筋桁架楼承板施工、预制楼梯安装、内外墙板施工等现场情况,见图 6-18 所示:

主体框架施工

钢管混凝土柱的现场拼接

梁柱连接

梁柱与墙板的连接

图 6-18-1　现场施工情况(一)

支撑

支撑与梁的连接

钢筋桁架楼承板施工

预制混凝土楼梯一

预制混凝土楼梯二

陶粒混凝土轻质内墙板

预制外挂混凝土保温复合墙板

围护外墙吊装

图 6-18-2　现场施工情况(二)

6.1.6　工程总结及思考

结合本项目的特点,从设计标准化、结构体系、节点设计、组合梁设计和墙板体系等方面,总结一些经验和教训。

1) 设计标准化的思考

本项目是钢结构住宅试点项目,设计时整个小区的方案已按混凝土剪力墙结构设计并报规,结构设计方案调整为钢框架-支撑结构体系时,因建筑布置方案不变,存在个别位置柱间距小、节点多,主梁穿过房间以及梁柱规格不够统一等问题。因此装配式钢结构住宅的建筑设计非常关键,平面布置宜规整,柱网尺寸宜尽量统一,外立面的造型可通过悬挑构件实现,以方便框架的布置,符合模块化、系列化的设计要求,才能够达到结构构件设计和生产的标准化。

2) 结构体系的思考

由结构方案比选结果可知,钢框架-支撑体系用于18层住宅建筑,结构用钢量相对经济,且其设计理论和施工技术均较为成熟,因此本工程选用了框架-支撑结构体系。住宅建筑纵向门窗较多,纵向支撑很难找到合适的位置布置,工程中虽然一般根据具体情况,可通过设置偏心支撑或摇摆柱解决,但随着房屋层数的增加,为满足结构所需侧向刚度的要求,支撑数量会逐渐加大,支撑的布置会更加困难,用钢量亦会增大较多。因此,对于更高的高层住宅建筑,不适宜采用框架-支撑结构体系。

我国新颁布的《钢板剪力墙技术规程》(JGJ/T 380—2015)中,提出了双钢板混凝土组合剪力墙的概念。双钢板混凝土组合墙具有承载力高、延性好、侧向刚度大、装配率高、施工方便的优点,若将其应用在中高层住宅建筑中形成钢框架-双钢板组合剪力墙体系或双钢板组合剪力墙结构体系,可更好地满足高层住宅的刚度要求,亦能有效避免钢框架露梁露柱的问题,满足住宅建筑户型多变的功能要求,促进建筑产业的升级换代,但目前适用于钢结构住宅的双钢板剪力墙的力学性能和构造措施的研究还不够完善。

3) 节点设计的思考

本工程梁柱节点采用的是横隔板贯通式刚性连接节点,为便于钢管柱内混凝土的浇筑,横隔板上需开设直径一般不小于180 mm的浇筑孔。当柱截面较小时,为保证横隔板的传力功能,浇筑孔开孔过小可能会存在节点区混凝土浇筑不易密实的问题。因此,工程中需研发施工方便、安全可靠美观的新型节点,避免设置节点区横隔板。

4) 组合梁设计的思考

本工程的楼板直接铺设在钢梁上。在装配式钢结构中,采用这种钢梁上浇筑混凝土楼板的组合梁,可能会造成楼层净空过小或降低楼盖的振动舒适度等问题。工程中可研发板梁合一的组合梁,如组合扁梁或组合梁(楼板采用空心预制叠合板),外包钢组合梁等,以有效降低梁高、增大楼层净空。图6-19是一种新型的外包花纹钢板-混凝土组合梁的示意图,将花纹钢板引入外包钢组合梁中,利用外包钢梁内的凸起花纹提高钢梁与混

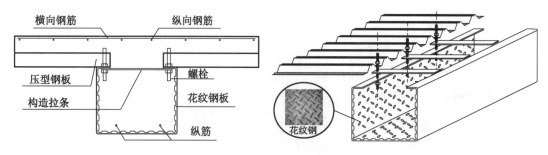

图6-19　外包花纹钢-混凝土组合梁

凝土之间粘结力,可有效减少抗剪连接件的使用数量,方便施工,改善组合梁的受力性能。

5)墙板体系的思考

本工程采用的外墙板是预制混凝土夹心保温外挂墙板,其强度高,耐久性能好,且具有良好的保温、隔音、防水性能,但墙体的重量比较大。钢结构的特征之一是轻质高强,钢结构建筑的墙体材料也应具备这一特质,否则重型墙体会增加整体结构的荷载,与钢结构的刚度不匹配,对钢结构体系的自身动力特性也有影响,丧失钢结构的优势。另外,重型墙体对于负担其重量的结构体系要求也较高,必须有结构梁的支撑。因此,装配式钢结构的外墙板应优先采用轻质高强、防水防火保温一体化的成品外墙,安装节点可靠,安装方式灵活。目前适合钢结构的成品外墙正在研发中,相关的标准、图集正在编制中。

6.2 亳州市涡阳县某住宅项目

6.2.1 工程概况

本项目为某单位宿舍,位于安徽省亳州市涡阳县。项目的规划建筑面积约 18 万 m²,地上建筑面积约 14.5 万 m²,其中 1# ～3# 楼为 15 层的 A 户型钢结构住宅;4# ～7# 楼为 15 层的 B 户型钢结构住宅;8# 楼为社区活动用房;地下车库和设备用房的地下建筑面积约 3.5 万 m²。项目的鸟瞰图见图 6-20 所示。以下选取 1# 楼 A 户型的钢结构住宅进行介绍。

图 6-20 亳州市涡阳某住宅项目鸟瞰图

本项目主体结构为钢框架-中心支撑结构体系,楼面采用钢筋桁架楼承板组合楼板。地面以上外墙采用 250 mm 厚蒸压加气混凝土条板(ALC 条板),住宅分户墙在有支撑部位采用 200 mm 厚加气混凝土砌块,无支撑部分采用 200 mm 厚蒸压加气混凝土条板,电梯井隔墙采用 200 mm 厚加气混凝土砌块,其他分室隔墙采用 100 mm 厚蒸压加气混凝土条板。楼梯采用钢楼梯,卫生间和厨房采用的是成品整体卫生间和整体厨房。

6.2.2 结构设计及分析

1) 体系选择及结构布置

本工程 1#楼住宅标准层平面图、效果图如图 6-21、图 6-22 所示。由图可见,1#楼的建筑平面布置为矩形,X 向的柱网尺寸基本均为 7 800 mm,Y 向的柱网尺寸均为 6 300 mm,建筑平面的长宽比约为 5,总体平面布置简单规整,符合模数化、标准化的设计理念。

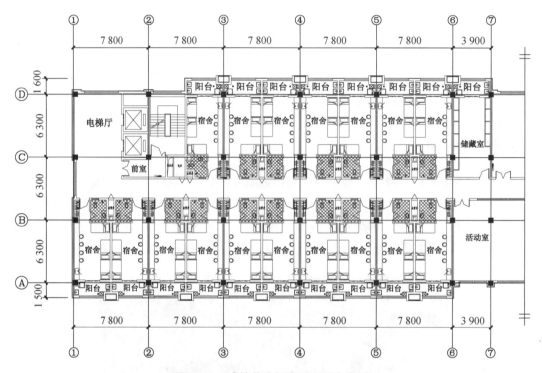

图 6-21　1#楼住宅标准层平面布置图

图 6-22　1#楼住宅效果图

2）结构分析及指标控制

本项目所处亳州市涡阳县抗震设防烈度为 7 度,设计分组为第二组,地震动加速度为 0.1g,基本风压 0.45 kN/m²,房屋总高度 45 m,钢结构抗震等级为四级,场地土类别为Ⅲ类,地面粗糙度类别为 B 类;1#楼的建筑平面布置规整,因此在结构方案选择分析时,主要考虑了钢框架和钢框架-支撑两种结构体系,结构分析发现由于 1#楼建筑整体平面布置相对狭长,采用钢框架结构体系整体抗扭刚度不够,因此选择了钢框架-支撑结构体系,结构的柱网和支撑布置见图 6-23 所示。由于建筑整体平面为狭长矩形,X 向柱多刚度大,无须设置支撑;Y 向布置两道柱间支撑依然无法满足刚度要求,因此在 Y 向设置了四道柱间支撑,支撑尺寸 1～5 层采用 180 mm×180 mm×10 mm 方钢管支撑,6～15 层采用 150 mm×150 mm×10 mm 方钢管支撑。

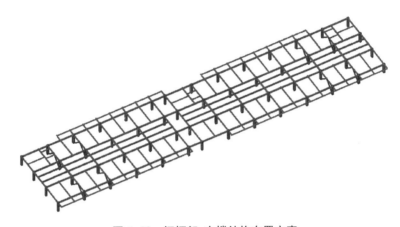

图 6-23 钢框架-支撑结构布置方案

钢框架-支撑结构的计算分析结果如表 6-14～表 6-16 所示。表中风荷载以及地震作用下的弹性位移角限制是根据安徽省地方标准《高层钢结构住宅技术规程》DB34/T 5001—2014 的规定采用。

表 6-14 振型及周期

振型	周期(s)	转角(°)	平动系数	扭转系数
1	3.565 8	0.01	1.00(1.00+0.00)	0.00
2	2.264 2	90.01	1.00(0.00+1.00)	0.00
3	1.894 2	88.43	0.00(0.00+0.00)	1.00

表 6-15 结构底部地震剪力、地震倾覆力矩和刚重比

底部地震剪力(kN)		底部地震倾覆力矩(kN·m)		刚重比	
X 向	Y 向	X 向	Y 向	X 向	Y 向
1 597.88	1 678.72	242 900	314 000	1.440	3.015

表 6-16　风荷载及地震作用下位移角和位移比

风荷载作用下的弹性位移角			地震作用下的弹性位移角			规定水平力下楼层最大位移比	
X 向	Y 向	规范限值	X 向	Y 向	规范限值	X 向	Y 向
1/1 596	1/966	≤1/400	1/408	1/643	≤1/400	1.01	1.03

由以上计算结果可以看出,采用框架-支撑结构后,结构的前两阶振型均为平动,抗扭刚度增大。Y 向设置四道支撑后,Y 向的刚重比大约是 X 向刚重比的 2 倍。

为提高框架柱的抗压承载力、防火性能以及隔声性能,框架柱采用了矩形钢管混凝土柱,同时,考虑框架柱加工及施工安装的方便性,框架柱选择了统一截面,均采用 500 mm×500 mm 的钢管混凝土柱,通过自下而上改变柱厚的方式来满足结构承载力、刚度以及经济性要求。

不考虑楼板用钢量,本工程采用框架-支撑结构模型计算考虑节点板后的钢结构用钢量约为 62 kg/m²。

6.2.3　主要构件及节点设计

1) 钢梁

本工程钢梁采用焊接 H 型钢梁,在满足承载力要求的情况下,综合考虑建筑上砌墙后不露梁以及净高等要求,框架梁截面高度统一取 400 mm,截面翼缘宽度为 120 mm、150 mm、180 mm 三种。梁高一致,通过改变翼缘的宽度和厚度来满足承载力和刚度的要求,虽然会使用钢量略有增加,但梁柱节点区仅需设置两块连接隔板,且梁亦无须在节点处变截面,可有效加快构件加工以及施工进度,综合效益较为明显。

在构件加工过程中发现,虽然梁翼缘 120 mm 宽能满足计算要求,但在钢梁的实际加工时会由于梁翼缘太窄而出现难以校正的问题,因此建议梁翼缘宽度设计不宜小于 150 mm。

2) 钢管混凝土柱与梁柱节点

本工程所采用的钢管混凝土柱均为 500 mm×500 mm 的焊接方钢管柱,方管壁厚在 12～22 mm 之间。梁柱节点设计采用的是内横隔板式。试件加工过程中发现,在组装成箱体 U 形时内横隔板与柱钢板焊接操作可以采用常规的手工气体保护焊,而当箱体盖板后柱内横隔板与盖板的焊缝只能采用封闭的电渣焊焊接工艺来完成。当柱钢板厚度小于 16 mm 时,由于电渣焊工艺特点是焊接温度较高,焊接质量难以很好地保证,柱钢板易烧穿,因此不宜对小于 16 mm 的柱钢板采用电渣焊工艺方法。本工程对此采取的解决方法是将横隔板一边采取贯通连接(将盖板分段、内隔板伸出)的方法,在盖板上开坡口与外伸隔板进行全熔透焊接,形成有一侧隔板贯通的改进型内隔板式节点,见图 6-24 所示;对柱钢板厚度小于 16 mm 的边柱和角柱节点,内隔板最后一侧与柱壁板亦可采用柱钢板开缝的塞焊工艺方法来完成,隔板与柱钢板采用塞焊连接的部位不宜与梁再次进行焊接连接。

3) 楼板体系

本工程采用钢筋桁架楼承板组合楼板。由于 2016 年安徽省实施了新的居住建筑节

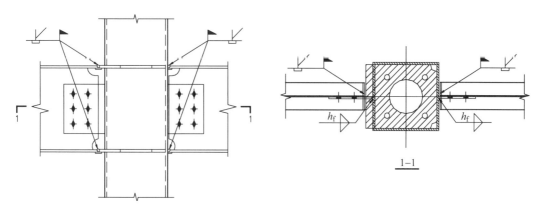

图 6-24　梁柱连接节点

能设计标准,对分户楼板亦要采取保温措施才能满足节能设计要求,因此设计中对钢筋桁架楼承板组合楼板的底部铺设了 10 mm 厚的聚氨酯保温板,聚氨酯保温板的铺设很好地解决了钢筋桁架楼承板镀锌底板在居住建筑中装饰困难的问题。

　　4）支撑及支撑节点

　　本工程 Y 向设置了四道人字形中心支撑,其中 1～5 层支撑采用的是 180 mm×180 mm×10 mm 方钢管,6～15 层采用的是 150 mm×150 mm×10 mm 方钢管,为保证设置方钢管支撑的户间隔音效果,应在支撑钢管内填充轻质隔音材料。考虑设计以及现场安装施工的方便性,支撑斜杆与梁柱采用的带悬臂斜杆的焊接刚性连接,悬臂斜杆部分的圆弧半径应不小于 200 mm,悬臂斜杆与梁柱连接时在梁、柱的相应位置处设置有内隔板和加劲肋,见图 6-25 和图 6-26 所示:

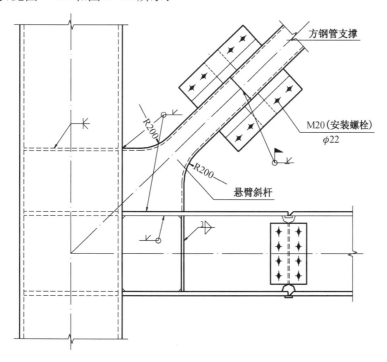

图 6-25　支撑与梁柱连接节点

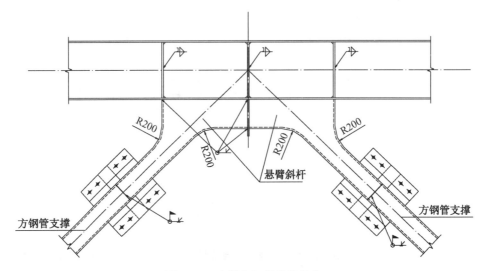

图 6-26   支撑与钢梁连接节点

6.2.4   围护及部品件的设计

1）围护墙体

本工程的外墙板采用的是蒸压加气混凝土条板（ALC 板），根据当地的气候条件由保温节能要求选用 250 mm 厚。住宅分户墙在有支撑部位采用 200 mm 厚加气混凝土砌块，无支撑部分采用 200 mm 厚蒸压加气混凝土条板，电梯井隔墙采用 200 mm 厚加气混凝土砌块，其他分室隔墙采用 100 mm 厚蒸压加气混凝土条板。

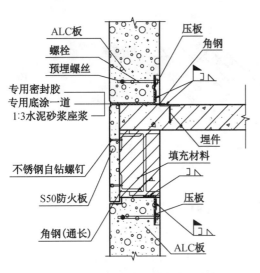

图 6-27   ALC 板内嵌式结构做法示意图

ALC 外墙与钢结构的连接方式多采用分层外挂式，外挂式传力明确，保温系统完整闭合，但外挂式条板存在室内露梁露柱的问题，对居住建筑不利，因此本工程的 ALC 条板与钢结构采用的内嵌式连接，具体连接构造见图 6-27 所示。

2）楼梯

钢结构楼梯相较于预制混凝土楼梯，具有自重轻、布置灵活和轻盈美观等优点。本工程的楼梯采用的是固定式钢楼梯，固定式钢楼梯由钢梯梁、踏步板、平台板和平台梁柱等构件组成，见图 6-28 所示。梯梁采用的是 C18 槽钢，踏步板采用 6 mm 厚花纹钢并与槽钢腹板焊接；休息平台处的梯梁槽钢之间焊有 C10 槽钢，间距 500 mm，其上平台板也采用 6 mm 厚花纹钢，根据建筑需要，踏步板和平台板上做有 20 mm 厚细石混凝土面层。

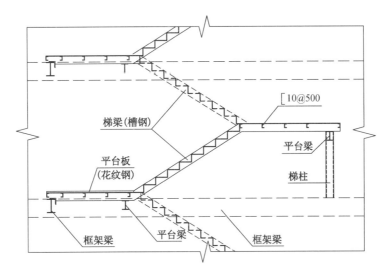

图 6-28　钢楼梯布置示意图

　　由于地下室部分的梯柱较高,因此与地下室底板连接时,柱脚采用的是外露式锚栓刚接连接,见图 6-29 所示;而地面以上楼层的梯柱,其高度大致为层高的一半,因此梯柱与地下室顶板连接采用的是预埋件半刚性连接,见图 6-30 所示。

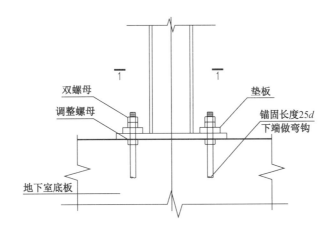

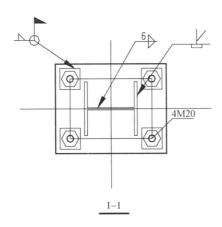

1—1

图 6-29　梯柱柱脚锚栓刚性连接

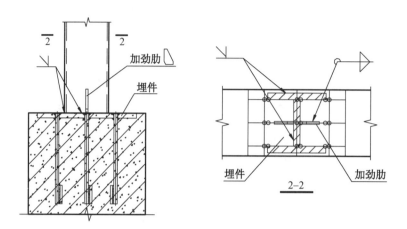

图 6-30　梯柱柱脚预埋件半刚性连接

为防止梯柱柱脚腐蚀，柱脚在地面以下的部分应采用 C20 的混凝土包裹，包裹的混凝土高出地面 200 mm，保护层厚度 75 mm。

3）厨房和卫生间

本工程的卫生间和厨房采用了成品整体卫生间和整体厨房，避免了住户入住后的个性装修对卫生间和厨房防水及墙体的破坏。

6.2.5　工程总结及思考

1）标准化设计

本项目的规划已明确定位为装配式钢结构住宅，因此在建筑方案阶段即考虑了钢结构体系的特点，平面布置规整，户型标准统一，轴线分布均匀并符合模数，非常有利于钢结构框架柱网的布置、梁柱构件截面尺寸的选择以及墙板的铺设。

2）工厂化生产、装配化施工

本工程的钢梁、钢柱、钢支撑、钢筋桁架楼承板、钢楼梯以及蒸压加气混凝土墙板均是可以工厂化生产和装配化施工的，项目的整体装配率达到 60% 以上，达到了 A 级装配式建筑的标准。

3）装修一体化

本工程为精装修工程，包括有整体卫生间、整体厨房系统、太阳能控制系统、成品套装门、成品地砖以及墙面粉刷吊顶等配置，既高效节能环保，又最大限度地减少了住户现场装修操作对梁柱防火措施以及轻质墙板的损坏。

总的来看，本工程的钢结构住宅设计和施工符合模数化、标准化、机械化的特点，可以达到工厂化和装配化的要求，实现了变"现场建造"为"工厂制造"，能有效地提高住宅的工业化和商品化水平。加之钢结构住宅具有自重轻、基础造价低、安装便捷、施工周期短、绿色环保等优点，符合国家倡导的环境保护政策和"绿色建筑"的概念，装配式钢结构住宅发展前景广阔。

第**7**章

装配式钢束筒结构实例

7.1 某超高层公共建筑

7.1.1 工程概况

　　某超高层钢结构公共建筑地下 6 层，地上 202 层，建筑高度 838 m，地上建筑面积约 91.6 万 m²，总建筑面积约 101 万 m²，集办公、公寓、酒店、商业各种功能于一体。地下为设备房、停车库、非机动车库以及出入口等，首层是酒店、公寓、办公、观光等出入口，5 层以下设有托儿所、保健院、敬老院等，6 层及以上为写字楼、小型公寓、中型公寓、大型公寓及豪华公寓，顶部为酒店。效果图见图 7-1 所示。

　　该建筑采用纯钢结构，钢柱、钢梁、钢支撑均为工厂预制现场拼装，楼盖采用板格＋混凝土板的形式，约 30% 的楼盖采用预制楼盖。建筑外墙、内隔墙等均采用预制构件。

图 7-1　效果图

7.1.2 结构设计及分析

　　1）体系选择及结构布置

　　该建筑标准层平面图见图 7-2 所示。

　　建筑结构体系采用超高层建筑应用比较普遍的深梁密柱框架构成的束筒结构体系，平面为十字形，外围尺寸为 124.8 m×124.8 m，各筒体壁相互连接，形成一个多格筒体。在水平荷载作用下，筒体的腹板加强了，剪力滞后效应大大减少，各柱受力更均匀，该结构体系的抗剪切和抗扭转能力强。随着高度的增加，筒体减少后，建筑物顶部的风荷载也大

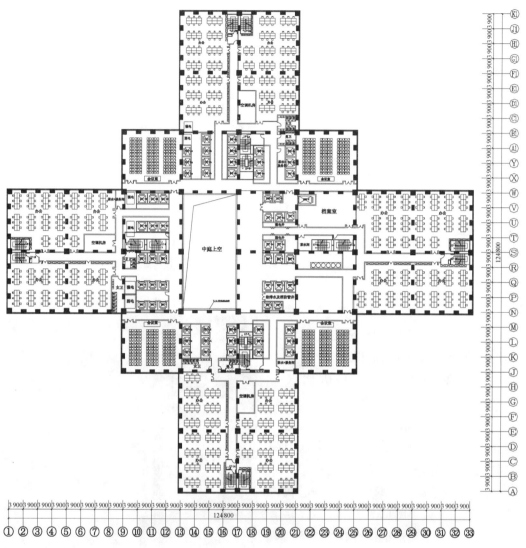

图 7-2 标准层建筑图

大减小,对构件有利。

该楼在两个方向的平面布置基本对称,包括中心三个筒体(一个大筒体和两个小筒体)和四周若干小筒体(称为"翼部小筒体")。在上部进行局部转换,中心大筒体变成两个小筒体。翼部小筒体沿高度分成六个区段,第一区段翼部小筒体 28 个;第二区段翼部筒体减至 16 个;第三区段翼部小筒体减少至 8 个;第四区段翼部无小筒体,仅有中心 4 个小筒体。

束筒各区段的筒体见图 7-3 所示。

2)结构分析及指标控制

本项目结构设计使用年限为 50 年,抗震设防烈度为 6 度,设计分组为第一组,地震动加速度为 0.05g,地震影响系数最大值为 0.067 5,抗震设防类别为乙类,结构安全等级为一级。场地土类别为Ⅲ类,基本风压 0.35 kN/m²,地面粗糙度类别为 B 类;框架抗震等级为一级。

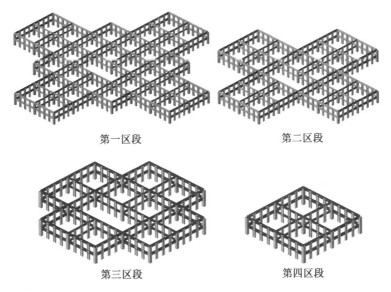

第一区段　　　　　　　　　　第二区段

第三区段　　　　　　　　　　第四区段

图 7-3　各段筒体示意图

结合工程建筑高度和建筑平面布置特点,在结构方案选择分析时,主要考虑了钢束筒结构和钢框架-支撑结构两种体系进行比选,从结构指标、抗震性能等方面最终选用了钢束筒结构。结构整体计算模型采用 YJK 和 Midas 有限元计算软件,由于两种软件计算结果相差不大,以下仅列出 YJK 的计算结果。

地上部分结构的恒载 60.87 万 t,活载 10.80 万 t,总重力荷载代表值为 71.67 万 t。结构振型和周期、底部地震剪力和倾覆力矩、位移等见表 7-1～表 7-3 所示。

表 7-1　振型及周期

振型	周期(s)	振型特征	振型质量参与参数		
			X 向平动	Y 向平动	Z 向扭转
1	10.476 8	Y 向平动	0.01	0.99	0
2	10.437 8	X 向平动	0.99	0.01	0
3	5.213 6	Z 向扭转	0.01	0.01	0.98
4	4.249 4	X 向平动	0.99	0	0
5	4.230 7	Y 向平动	0	0.99	0
6	2.634 1	Z 向扭转	0.01	0.02	0.98
7	2.341 4	X 向平动	0.99	0	0
8	2.333 4	Y 向平动	0	0.99	0
9	2.271 1	Z 向扭转	0	0	1.00
10	1.783 1	Y 向平动	0.01	0.84	0.15
11	1.722	X 向平动	0.88	0.04	0.07
12	1.696 2	Z 向扭转	0.11	0.13	0.76

表 7-2　底部剪力、倾覆力矩

荷载	底部剪力（MN）		底部倾覆力矩（MN·m）	
	X 向	Y 向	X 向	Y 向
地震	56.277	56.271	18 751.91	18 629.85
风	94.361	95.663	32 805.14	33 821.82

表 7-3　层间位移角和位移

荷载	位移角		顶点位移（mm）	
	X 向	Y 向	X 向	Y 向
地震	1/553	1/525	844.82	859.12
风	1/398	1/402	1 056.9	1 120.8

从表 7-1～表 7-3 可以看出，结构第一扭转周期与平动周期比值为 0.50，小于规范的 0.85 限值，扭转振型与第一平动振型不耦合。结构位移角小于 1/250，满足《高层民用建筑钢结构技术规程》的要求。

7.1.3　主要构件及节点设计

该楼采用钢束筒结构，每个筒体由钢柱、裙梁、楼层梁及楼板构成。标准层结构图见图 7-4 所示。

1）钢柱拼接

该楼钢柱采用焊接箱型和工型柱，其中小筒体角柱为箱型柱，中间柱为工型柱。柱距为 3.9 m，在钢柱单元确定时，考虑两种方案，一种为钢柱带短的悬挑梁段，一种为钢柱带 1/2 的梁段。当采用钢柱带短的悬挑梁段时，由于裙梁较高，净长仅 2 700 mm，分成三段后拼接节点距离太近，且不方便制作安装，对结构抗震性能也不利。因此最终采用钢柱单元带 1/2 的梁段，且考虑到运输条件，筒体钢柱四层即 14.4 m 一节。

在确定拼接位置时，考虑到钢柱拼接质量与现场施工质量有较大相关性，且每个楼层的钢柱数目较多，近 300 根钢柱，为确保结构安全性，经过比较，最终确定钢柱拼接位置在各楼层错开，每个楼层有 1/4 的钢柱拼接，且在楼层以上 1 800 mm 处拼接，见图 7-5 所示。

箱型柱拼接采用现场熔透焊，工型柱采用翼缘现场熔透焊、腹板焊接的方式进行拼接，见图 7-6 所示。

2）裙梁拼接

裙梁净长为 2 700 mm，每跨各有 1/2 附带在钢柱单元中，现场在跨中采用高强螺栓进行等强拼接，见图 7-7 所示。

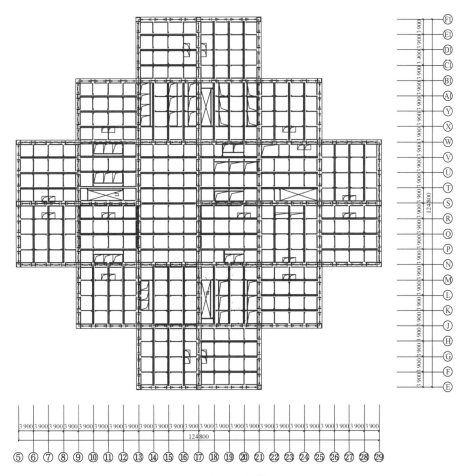

图 7-4 标准层结构平面图

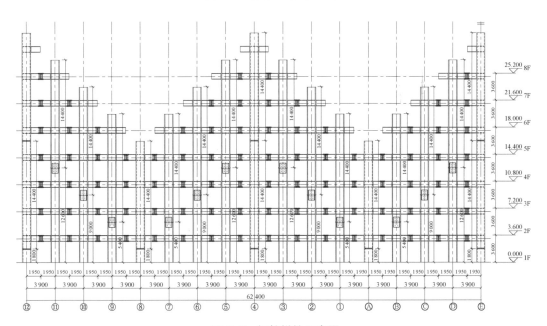

图 7-5 钢柱拼接示意图

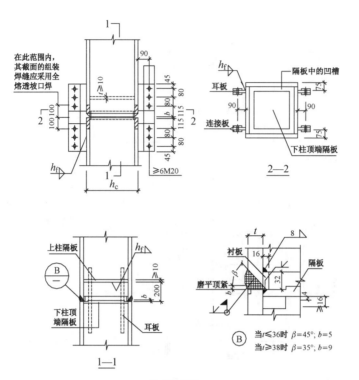

箱型柱拼接

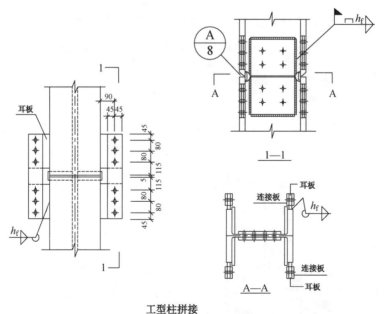

工型柱拼接

图7-6　钢柱拼接

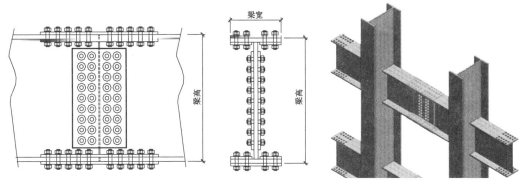

图 7-7　裙梁拼接

3）筒体钢柱与裙梁连接

筒体钢柱分为箱型柱和工型柱两种，与裙梁的连接均采用熔透焊接，在工厂加工制作，见图 7-8 所示：

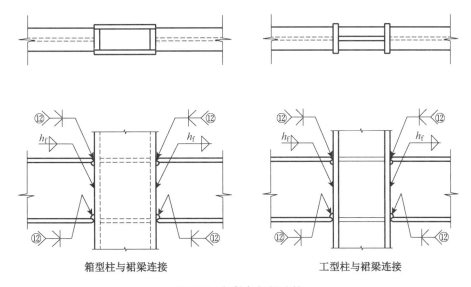

箱型柱与裙梁连接　　　　　　　　　工型柱与裙梁连接

图 7-8　钢柱与裙梁连接

4）预制楼层梁单元连接

该楼的楼层梁除楼电梯间、卫生间等局部位置外均采用预制楼层梁单元，每个预制楼层梁单元包括主梁、单主梁、次梁和端梁。为方便机电管线的综合，所有预制楼层梁单元均采用桁架梁。下面以一个小筒体为例，说明预制楼层梁单元的楼层梁之间、预制楼层梁单元与钢柱的连接。

每个小筒体内包括四块预制楼层梁单元，每个预制楼层梁单元包括主梁、单主梁、次梁和端梁，预制楼层梁单元之间靠主梁与主梁连接形成整体，每块预制梁单元通过主梁、单主梁、端梁与周边的钢柱连接，形成小筒体的楼层梁体系。其中预制楼层梁单元的单主梁与主梁刚接,次梁与主梁铰接,端梁与主梁铰接,每块预制梁单元在工厂加工制作,现场安装。

预制梁单元之间的主梁与主梁之间将桁架梁的上下翼缘采用螺栓连接(图 7-9(a)),在钢柱预焊钢板方便单主梁与钢柱连接(图 7-9(b))、主梁与钢柱连接(图 7-9(c))、端梁与角柱连接(图 7-9(d))。

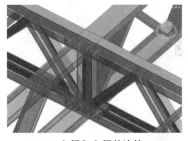

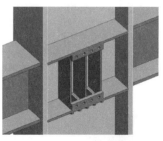

(a) 主梁与主梁的连接　　　　(b) 单主梁与钢柱连接

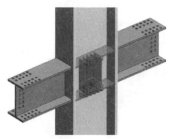

(c) 主梁与钢柱连接

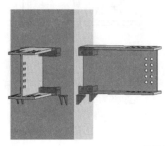

(d) 端梁与角柱连接

图 7-9　预制楼层梁单元连接

由于预制楼层梁单元连接与现场施工质量相关,且吊装时钢柱施工荷载不同,为保证连接安全可靠和施工荷载的均匀性,相邻筒体的预制楼层梁单元方向不同,且每隔三层预制楼层梁单元调换方向布置。

5) 预制梁板复合楼盖

除退台层、局部楼电梯外,120层以下的标准层采用预制梁板复合楼盖,即在预制楼层梁单元上现浇混凝土形成预制梁板复合楼盖,运至现场吊装拼装。

在每块预制板周边预留胡子筋,并将混凝土凿毛,待预制梁板复合楼盖吊装就位后,预留胡子筋弯钩扳直,在各预制板之间后浇 C40 微膨胀细石混凝土,形成整体楼板。其中,预制梁板复合楼盖之间的连接见图 7-10 所示:

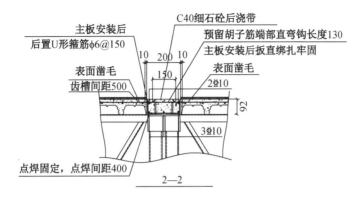

图 7-10　预制梁板复合楼盖之间后浇混凝土楼板

预制梁板复合楼盖在边裙梁和中间裙梁位置处的后浇混凝土做法见图 7-11 和图 7-12 所示:

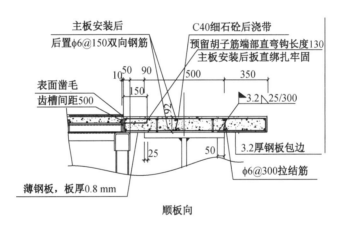

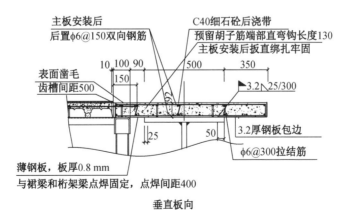

图 7-11　边裙梁上后浇混凝土楼板

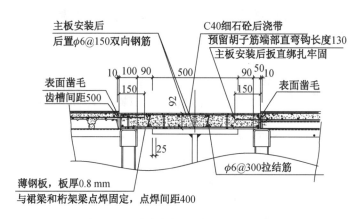

图 7-12　中间裙梁上后浇混凝土楼板

由于预制梁板复合楼盖连接与现场施工质量相关,且吊装时钢柱施工荷载不同,为保证连接安全可靠和施工荷载的均匀性,相邻筒体的预制梁板复合楼盖方向不同,且每隔三层预制梁板复合楼盖调换方向布置。

6）钢构件的防腐防火

本工程为钢结构住宅,钢结构构件处于轻微腐蚀环境,所采取的防腐防火措施为:

(1) 全部钢构件应进行喷砂或抛丸除锈质量等级达到 Sa2.5 级以上,应满足《涂装前钢材表面锈蚀等级和除锈等级》(GB 8923)的规定。

(2) 钢构件按耐火极限分为不小于 1.0 h、1.5 h、2.0 h 和 3.0 h 等几种。除楼梯采用超薄型防火涂料外,其他钢构件均采用防火板(波特板、CAA 板)等防火措施。楼盖拼缝和孔洞现场采用防火岩棉填充,并用防火水泥和水玻璃调制的防火腻子密封。预制梁板复合楼盖内的电线、电缆外设不燃烧材料套管,套管空隙采用不燃烧材料填塞密实。

(3) 下列部位禁止涂漆:

① 高强度螺栓连接的摩擦接触面;

② 构件安装焊缝处应留出 30～50 mm 暂不涂装,等安装完成后再补涂;

③ 需外包混凝土的钢柱;

④ 钢梁上翼缘与楼板接触部位;

⑤ 埋入混凝土的钢构件表面及构件坡口全熔透部位均不允许涂刷油漆或有油污。

(4) 在运输安装过程中涂装损伤部位以及施工焊缝施工完毕尚未涂装部位均应进行补涂,经检查合格后的高强度螺栓连接处,亦应按以上要求进行涂装。

7.1.4　围护及部品件的设计

1）围护墙体

该楼围护外墙采用带保温防水层的成品幕墙板,一次安装到位。内墙为复合成品墙板。

外挂成品幕墙板综合考虑了建筑的门窗、安装、防水及结构构件等进行布置,布置原则如下：

（1）考虑建筑立面效果，墙板的竖向分隔缝尽量设置在柱子的中间。

（2）墙板拆分处尽量避开门窗，以免形成悬臂结构。

（3）为方便生产、节省成本，墙板规格尽量统一，建筑设计时应考虑柱网尺寸的模数和统一。

（4）钢结构外挂墙板尽量做到轻质。

该楼采用的围护外墙板见图 7-13 所示：

图 7-13　围护外墙板

内墙布置原则如下：

（1）为方便生产、节省成本，墙板规格尽量统一，建筑设计时应考虑柱网尺寸的模数和统一。

（2）钢结构内墙板尽量做到轻质。

2）阳台和楼梯

该楼采用封闭阳台，阳台与楼板一起，采用的是预制梁板复合楼盖或现浇楼板。

除地下室采用现浇混凝土楼梯外，其他均采用预制钢楼梯，楼梯的梯段、休息平台板分别预制，现场吊装连接为一个整体（图 7-14）。

预制梯板与梯柱、楼层梁之间采用螺栓连接。钢梯的钢板上浇筑 50 mm 的细石混凝土，在工厂制作完成。

图 7-14　钢梯示意图

3）厨房和卫生间

该楼的厨房和卫生间采用了成品整体厨卫系统。考虑到厨房和卫生间的荷载较大、防水要求较高，地面均在预制楼层梁单元上现浇混凝土楼板，并注意做好钢构件的防水、防腐措施。

7.1.5　工程总结及思考

本工程建筑高度 838 m，结构高度原定为 792 m，而目前建成运行的世界第一高楼是迪拜的哈利法塔，建筑高度 828 m，结构高度 584.5 m，由此可以看出，该楼建筑高度比哈利法塔高 10 m，结构高度比哈利法塔高 207.5 m，并且远高于现行国家规范《高层民用建筑钢结构技术规程》JGJ 99—2015 规定的 7 度区结构适用的最大高度 280 m。该楼除建筑高度非常高以外，尚且存在立面布置不规则、局部大开洞等问题，在风荷载、地震作用下结构受力性能是否合理非常关键。

本工程设计之初就考虑了建筑模数化、标准化，柱网为 3.9 m×3.9 m，建筑布局也以"标准化设计、工厂化生产、装配化施工、一体化装修"为基本理念，结构系统首次提出预制楼层梁单元、预制梁板复合楼盖的概念，完善了装配式钢结构的结构系统概念，即除钢梁、钢柱、钢支撑等钢构件采用工厂预制现场拼接的方式以外，楼层梁单元及梁板复合楼盖也采用整体预制、现场拼装的方式进行设计施工。

为配合设备与管线系统、实现机电管线的高度集成，楼层梁均采用桁架梁，梁高为800 mm，在此高度内，集中了水、暖、电等管线，一方面增大了建筑使用高度，另一方面实现了装配式钢结构的设备与管线系统的集成。采用合理的结构构件，做到以结构系统为基础，以工业化围护、内装、设备管线部品位支撑，实现了结构系统、围护系统、设备管线系统、内装系统的协同和集成，提高了建筑的建设速度，经过 1∶1 试制和施工，达到一天建成三层的速度。

本工程预制装配难点在于根据结构受力性能确定裙梁拼接位置和节点形式、钢柱拼接位置和节点形式、预制楼层梁单元和预制梁板复合楼盖与周边构件的连接节点、保证楼盖整体性等方面。经过大量的有限元数值分析、试验研究、专题专家论证等方式，一一攻克难关，解决了该楼预制装配的难点，最终于 2014 年通过了超限高层建筑工程抗震设防审查。

从本工程来看，钢束筒结构体系是非常适用于超高层建筑的抗侧力体系。截至 2017年，超过 300 m 的超高层建筑绝大多数采用巨型框架-核心筒结构体系，材料多为混凝土和钢组成的混合结构。根据本工程的数值模拟、试验数据，采用钢束筒结构具有强度高、自重轻、延性好，抗震性能好的优势，更适用于超高层抗侧力体系的要求，更有利于保障人们的生命安全。

从本工程采用的建筑工业化来看，工业化装配式钢结构建筑还具有以下突出优势：建设速度快，还可实现灾后快速修复、重建；在工厂加工制作，垃圾和废料的回收率很高，可实现绿色施工、节能环保，大幅减少施工垃圾和施工污染；可循环利用钢材，实现全寿命周期内绿色建筑，拆除时无垃圾、无污染。自 20 世纪 70 年代以来，工业化装配式钢结构建筑在欧美和日本等国家发展迅速。瑞典轻钢结构住宅预制构件达到 95%,日本钢结构建筑占建筑总量的 50% 以上。随着我国钢材产量的提高,建筑面积的增大,工业化装配式钢结构建筑的发展是必然发展趋势。

7.2　襄阳市某超高层酒店

7.2.1　工程概况

本项目位于湖北省襄阳市,地下三层,地上包括 A、B 两幢塔楼,其中 A 塔楼是酒店,共 59 层,建筑高度 247.5 m,B 塔楼是办公楼,共 39 层,建筑高度为 168.15 m。总建筑面积为 43.2 万 m²,其中地下建筑面积为 8.3 万 m²,地上建筑面积为 34.9 万 m²。各塔楼建筑立面图和标准层平面图见图 7-15 和图 7-16 所示:

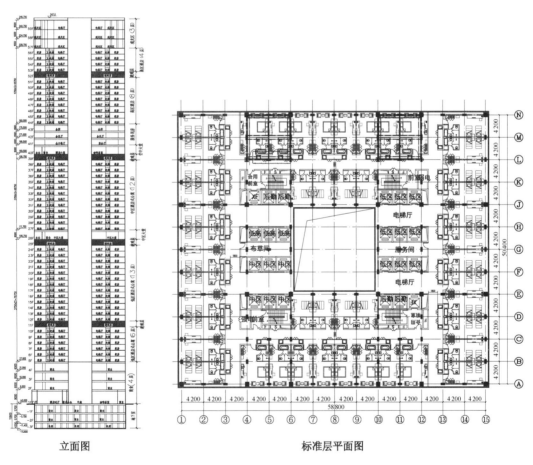

立面图　　　　　　　　　标准层平面图

图 7-15　A 塔楼

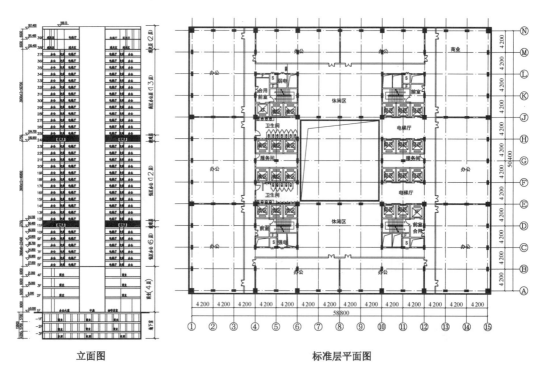

立面图　　　　　　　　　　　　标准层平面图

图 7-16　B 塔楼

本项目的两幢塔楼平面尺寸相同,均为 58.8 m×50.4 m,结构体系相同,均采用纯钢结构,钢柱、钢梁均为工厂预制现场拼装,楼盖采用预制形式。建筑外墙、内隔墙等均采用预制构件。为简便起见,下面以 A 塔楼为例进行介绍。

7.2.2　结构设计及分析

1) 体系选择及结构布置

从建筑图可以看出,A 塔楼布置比较规则,柱网为 4.2 m×4.2 m,楼电梯布置于中庭左右两侧。结构方案经过分析比较,采用深梁密柱框架构成的束筒结构体系,标准层结构平面图见图 7-17 所示。

由图 7-17 可以看出,该平面由 16 个小筒体组成,各筒体壁相互连接,形成一个多格筒体。在水平荷载作用下,筒体的腹板加强了,剪力滞后效应大大减少,各柱受力更均匀,结构整体抗剪切和抗扭转能力强。

2) 结构分析及指标控制

本项目位于襄阳市,结构设计使用年限为 50 年,抗震设防烈度为 6 度,设计分组为第一组,地震动加速度为 0.05g,地震影响系数最大值为 0.04,抗震设防类别为丙类,结构安全等级为二级。场地土类别为Ⅱ类,基本风压 0.35 kN/m²,地面粗糙度类别为 C 类;框架抗震等级为一级。

结合工程建筑高度和建筑平面布置特点,在结构方案选择分析时,主要考虑了钢束筒结构和钢框架-支撑结构两种体系进行比选,从结构指标、抗震性能、结构构件装配性能等

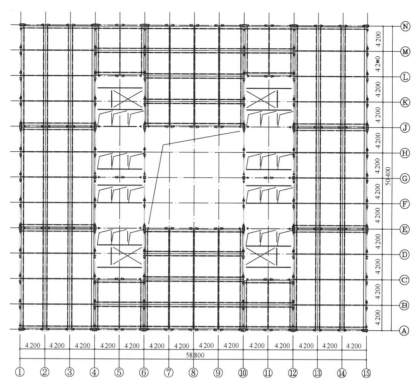

图 7-17　A 塔楼标准层结构平面布置图

方面最终选用了钢束筒结构。结构整体计算模型采用 YJK 和 Midas 有限元计算软件,由于两种软件计算结果相差不大,以下仅列出 YJK 的计算结果。

地上部分结构的恒载 9.7 万 t,活载 3.92 万 t,总重力荷载代表值为 11.66 万 t。结构前 9 阶模态周期和振型质量参与系数见表 7-4 所示:

表 7-4　模态周期与平动系数

振型	周期(s)	振型特征	振型质量参与参数		
			X 向平动	Y 向平动	Z 向扭转
1	7.41	Y 向平动	1.00	0.00	0.00
2	6.65	X 向平动	0.00	1.00	0.00
3	5.48	Z 向扭转	0.00	0.00	1.00
4	2.49	X 向平动	1.00	0.00	0.00
5	2.24	Y 向平动	0.00	1.00	0.00
6	1.86	Z 向扭转	0.00	0.00	1.00
7	1.38	X 向平动	1.00	0.00	0.00
8	1.22	Y 向平动	0.00	1.00	0.00
9	1.09	Z 向扭转	0.00	0.00	1.00

第一扭转周期与平动周期比值为 0.74,小于规范的 0.85 限值,扭转振型与第一平动振型不耦合。

地震和风荷载作用下的基底剪力、倾覆力矩计算结果见表 7-5 所示,层间位移角和位移计算结果见表 7-6 所示:

表 7-5　底部剪力、倾覆力矩

荷载	底部剪力(kN)		底部倾覆力矩(kN·m)	
	X 向	Y 向	X 向	Y 向
地震	5 931.50	14 579.4	930 439.87	2 242 095.0
风	6 234.44	16 686.1	980 667.73	2 563 106.8

表 7-6　层间位移角和位移

荷载	位移角		顶点位移(mm)	
	X 向	Y 向	X 向	Y 向
地震	1/1 158	1/550	130.19	278.4
风	1/1 497	1/625	109.56	262.45

由上表计算结果可以看出,A 塔楼结构比较规则,结构高度不超过最大适用高度的要求,结构抗侧刚度较大,层间位移角满足《高层民用建筑钢结构技术规程》的要求。

7.2.3　主要构件及节点设计

A 塔楼采用钢束筒结构,各筒体由钢柱、裙梁、楼层梁和楼板构成。每个筒体的钢柱采用焊接箱型和工型柱,裙梁、支撑采用焊接工型钢梁。16 个小筒体中,4 个筒体因为楼电梯间和卫生间等采用预制楼层梁单元＋压型钢板上现浇混凝土板,其余 12 个筒体,采用预制梁板复合楼盖。

1) 钢柱拼接

A 塔楼钢柱采用焊接箱型和工型柱,其中小筒体角柱为箱型柱,中间柱为工型柱。柱距为 4.2 m,在钢柱单元确定时,考虑两种方案,一种为钢柱带短的悬挑梁段,一种为钢柱带 1/2 的梁段。当采用钢柱带短的悬挑梁段时,由于裙梁较高,净长仅 3 400 mm,分成三段后拼接节点距离太近,且不方便制作安装,对结构抗震性能也不利。因此最终采用钢柱单元带 1/2 的梁段,且考虑到运输条件,筒体钢柱三层即 11.25 m 一节。

在确定拼接位置时,考虑到钢柱拼接质量与现场施工质量有较大相关性,且每个楼层的钢柱数目较多,为确保结构安全性,经过比较,最终确定钢柱拼接位置在各楼层错开,每个楼层有 1/4 的钢柱拼接,且在楼层以上 1 400 mm 处拼接,见图 7-18 所示。

箱型柱拼接采用现场熔透焊,工型柱采用翼缘现场熔透焊、腹板焊接的方式进行拼接,见图 7-19 所示。

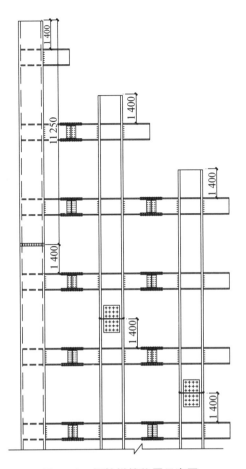

图 7-18　钢柱拼接位置示意图

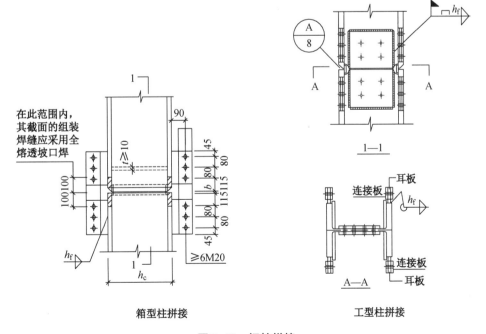

图 7-19　钢柱拼接

2）裙梁拼接

裙梁净长多为 3 400 mm，每跨各有 1/2 附带在钢柱单元中，现场在跨中采用高强螺栓进行等强拼接，见图 7-20 所示：

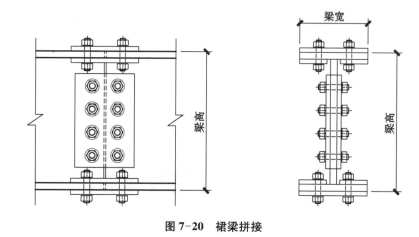

图 7-20　裙梁拼接

3）筒体钢柱与裙梁连接

筒体钢柱分为箱型柱和工型柱两种，与裙梁的连接均采用熔透焊接，在工厂加工制作，连接节点同图 7-8。

4）预制梁板复合楼盖连接

除中庭左右侧楼电梯间、卫生间等局部位置外，每个小筒体均采用预制梁板复合楼盖。预制梁板复合楼盖位置见图 7-21 所示。

图 7-21 中，阴影部分为现浇楼板区域，其他部分为预制梁板复合楼盖区域。对于现浇楼盖，在楼层梁吊装安装后，在压型钢板上现浇混凝土。每块预制梁板复合楼盖由预制楼层梁单元和混凝土板构成，见图 7-22 所示。

每块预制梁板复合楼盖在工厂预制，现场吊装。从图 7-22 可以看出，12 个小筒体中有预制梁板复合楼盖，筒体尺寸共分为三种：8.4 m×8.4 m、12.3 m×16.4 m 和 16.4 m×16.4 m，见图 7-23 所示。

其中，各小筒体中每块预制梁板复合楼盖的范围见图 7-23 的阴影部分。

在各小筒体中，每个预制楼层梁单元布置沿长度方向两侧两道主槽钢、沿宽度方向中间均匀分布的三道 H 型钢以及端头封边槽钢。其中，H 型钢梁、主槽钢梁与周边钢柱均为铰接，H 型钢梁与主槽钢梁采用等强螺栓连接。

为了节约钢材、方便管线排布、增加使用净空，主槽钢梁和 H 型钢梁均开洞，并在梁上焊接栓钉，与混凝土楼板形成完全连接的组合梁。

A 塔楼的预制梁板复合楼盖的楼板连接分为两种情况，下面以 16.8 m×16.8 m 筒体的预制梁板复合楼盖（图 7-24）为例进行说明。

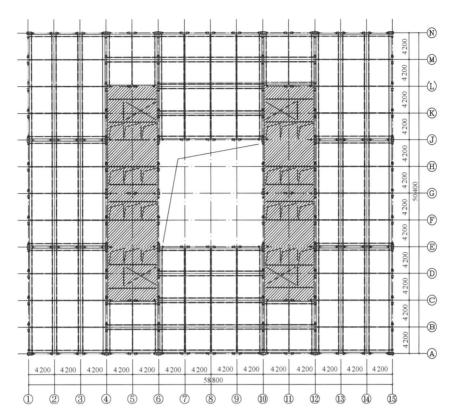

图 7-21 A 塔楼标准层预制梁板复合楼盖平面布置图

图 7-22 预制梁板复合楼盖示意图

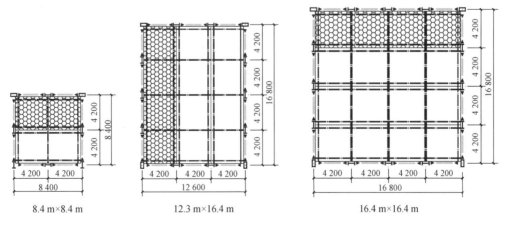

8.4 m×8.4 m   12.3 m×16.4 m   16.4 m×16.4 m

图 7-23 不同小筒体中预制梁板复合楼盖示意图

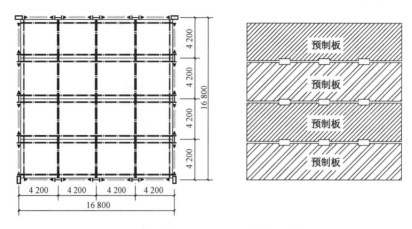

图 7-24　16.8 m×16.8 m 筒体预制板

（1）预制梁板复合楼盖之间连接

预制梁板复合楼盖之间连接分为两种情况，一种是在 H 型钢梁拼接处采用后浇混凝土的方式，其他地方则留有 20 mm 的缝隙，采用 CMG 灌浆料勾缝，见图 7-25 所示：

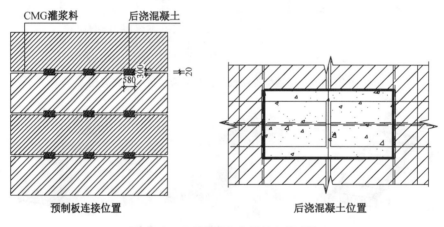

预制板连接位置　　　　　　　　　后浇混凝土位置

图 7-25　预制梁板复合楼盖之间连接

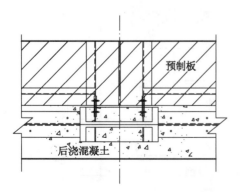

图 7-26　预制梁板复合楼盖与筒体裙梁处楼板的连接

（2）预制梁板复合楼盖与筒体裙梁处楼板的连接

与筒体裙梁相接的预制梁板复合楼盖，采用在筒体裙梁上后浇混凝土的方式与相邻预制梁板复合楼盖连接，相邻预制梁板复合楼盖预留胡子筋与后浇混凝土内钢筋焊接或搭接连接，见图 7-26 所示。

5）钢构件的防腐防火

（1）全部钢构件应进行喷砂或抛丸除锈质量等级达到 Sa2.5 级以上，应满足《涂装前钢材表面锈蚀等级和除锈等级》(GB 8923)的规定。

(2) 钢构件按耐火极限分为不小于 1.0 h、1.5 h、2.0 h 和 3.0 h 等几种。除楼梯采用超薄型防火涂料外,其他钢构件均采用防火板(波特板、CAA 板)等防火措施。楼盖拼缝和孔洞现场采用防火岩棉填充,并用防火水泥和水玻璃调制的防火腻子密封。预制梁板复合楼盖内的电线、电缆外设不燃烧材料套管,套管空隙采用不燃烧材料填塞密实。

(3) 下列部位禁止涂漆:

① 高强度螺栓连接的摩擦接触面;

② 构件安装焊缝处应留出 30~50 mm 暂不涂装,等安装完成后再补涂;

③ 需外包混凝土的钢柱;

④ 钢梁上翼缘与楼板接触部位;

⑤ 埋入混凝土的钢构件表面及构件坡口全熔透部位均不允许涂刷油漆或有油污。

(4) 在运输安装过程中涂装损伤部位以及施工焊缝施工完毕尚未涂装部位均应补涂,经检查合格后的高强度螺栓连接处,亦应按以上要求进行涂装。

7.2.4　围护及部品件的设计

1) 围护墙体

本工程围护外墙采用带保温防水层的成品幕墙板,一次安装到位。

外挂成品幕墙板综合考虑了建筑的门窗、安装、防水及结构构件等进行布置,布置原则如下:

(1) 考虑建筑立面效果,墙板的竖向分隔缝尽量设置在柱子的中间。

(2) 墙板拆分处尽量避开门窗,以免形成悬臂结构。

(3) 为方便生产、节省成本,墙板规格尽量统一,建筑设计时应考虑柱网尺寸的模数和统一。

(4) 钢结构外挂墙板尽量做到轻质。

内墙为轻钢龙骨隔墙,布置原则如下:

(1) 为方便生产、节省成本,墙板规格尽量统一,建筑设计时应考虑柱网尺寸的模数和统一。

(2) 钢结构分户墙要考虑隔声等因素,内墙板尽量做到自重轻。

2) 阳台和楼梯

本工程采用封闭阳台,即阳台采用预制梁板复合楼盖。

除地下室采用现浇混凝土楼梯外,其他均采用预制钢楼梯,楼梯的梯段、休息平台板分别预制,现场吊装连接为一个整体。

预制梯板与梯柱、楼层梁之间采用螺栓连接。钢梯的钢板上浇筑 50 mm 的细石混凝土,在工厂制作完成。

3) 厨房和卫生间

本工程的厨房和卫生间采用了成品整体厨卫系统。考虑到厨房和卫生间的荷载较大、防水要求较高,地面均在预制楼层梁单元上现浇混凝土楼板,并注意做好钢构件的防水、防腐措施。

7.2.5　工程总结及思考

本工程从方案阶段选择采用钢结构,并重视构件的标准化、模数化和楼板的预制拼装,柱网变化少,建筑布局紧凑,结合功能需求、结构要求、部品件要求等综合确定。

在本工程的楼层梁设计过程中,为配合设备与管线系统,在钢梁上开洞,一方面减少钢材用量,另一方面增加建筑使用空间,同时也有利于管线综合,实现了结构系统、围护系统、设备管线系统、内装系统的协同和集成。在楼层梁与周边钢柱连接设计时,根据楼层梁形式研发了钢柱牛腿,便于预制梁板复合楼盖的吊装。

在钢束筒结构中,楼盖的整体性是保证结构安全性、抗震性能的重要保证。在本项目设计过程中,非常重视预制梁板复合楼盖与钢柱连接、预制梁板复合楼盖之间的连接,确保做到连接合理可靠。

对于 6 度设防地震区,钢束筒结构最大适用高度为 300 m。本工程的两幢塔楼均超过 150 m 但不超过 300 m,采用钢束筒结构体系是经济、合理的,结构抗震性能非常优越,是新建高层、超高层建筑结构体系的优先选择。

参考文献

［1］住房和城乡建设部住宅产业化促进中心.大力推广装配式建筑必读［M］.北京:中国建筑工业出版社,2016

［2］陈振基,深圳市建设科技促进中心.我国建筑工业化实践与经验文集［M］.北京:中国建筑工业出版社,2016

［3］上海隧道工程股份有限公司.装配式混凝土结构施工［M］.北京:中国建筑工业出版社,2016

［4］中国建筑标准设计研究院.装配式建筑系列标准应用实施指南:装配式混凝土结构建筑［M］.北京:中国计划出版社,2016

［5］中国建筑标准设计研究院,中国建筑科学研究院.装配式混凝土结构技术规程:JGJ 1—2014［S］.北京:中国建筑工业出版社,2014

［6］中国建筑标准设计研究院,中国建筑科学研究院.装配式混凝土结构连接节点构造:15G310-1～2［M］.北京:中国计划出版社,2015

［7］郭学明.装配式混凝土结构建筑的设计、制作与施工［M］.北京:机械工业出版社,2017

［8］中国建筑科学研究院.建筑抗震设计规范:GB 50011—2010(2016 版)［S］.北京:中国建筑工业出版社,2010

［9］中国建筑科学研究院.建筑工程抗震设防分类标准:GB 50223—2008［S］.北京:中国建筑工业出版社,2008

［10］中国建筑科学研究院.高层建筑混凝土结构技术规程:JGJ 3—2010［S］.北京:中国建筑工业出版社,2011

［11］中国建筑标准设计研究院有限公司.高层民用建筑钢结构技术规程:JGJ 99—2015［S］.北京:中国建筑工业出版社,2016

［12］中国建筑标准设计研究院.钢板剪力墙技术规程:JGJ/T 380—2015［S］.北京:中国建筑工业出版社,2015

［13］中国建筑金属结构协会建筑钢结构委员会,住房和城乡建设部科技发展促进中心.钢结构住宅设计规范:CECS 261—2009［S］.北京:中国建筑工业出版社,2009

［14］中国建筑标准设计研究院.高层建筑钢-混凝土混合结构设计规程:CECS 230—2008［S］.北京:中国计划出版社,2008

［15］同济大学,浙江杭萧钢构股份有限公司.矩形钢管混凝土结构技术规程:CECS 159—2004［S］.北京:中国计划出版社,2004

［16］中国建筑科学研究院.组合结构设计规范:JGJ 138—2016［S］.北京:中国建筑工业出版社,2016

[17] 李国强. 多高层建筑钢结构设计[M]. 北京:中国建筑工业出版社,2004

[18] 李星荣,等. 钢结构连接节点设计手册[M]. 3 版. 北京:中国建筑工业出版社,2014

[19] 公安部天津消防研究所,公安部四川消防研究所. 建筑设计防火规范:GB 50016—2014[S]. 北京:中国计划出版社,2015

[20] 同济大学,中国钢结构协会防火与防腐分会. 建筑钢结构防火技术规范:CECS 200—2006[S]. 北京:中国计划出版社,2006

[21] 公安部四川消防科学研究院. 钢结构防火涂料应用技术规范:CECS 24—1990[S]. 北京:中国计划出版社,1990

[22] 河南省第一建筑工程集团有限责任公司,林州建总建筑工程有限公司. 建筑钢结构防腐蚀技术规程:JGJ/T 251—2011[S]. 北京:中国建筑工业出版社,2012

[23] 冶金工业部建筑研究总院. 钢结构工程施工质量验收规范:GB 50205—2001[S]. 北京:中国计划出版社,2002

[24] 中国建筑标准设计研究院. 装配式钢结构建筑技术标准:GB/T 51232—2016[S]. 北京:中国建筑工业出版社,2017